吕梁市科学技术局、吕梁市引进高层次科技人才重点研发项目"用于工业尾气净化的质子–电子双相混合导体催化剂的研究"（项目编号：2022RC15）

铈酸钡基质子导体催化剂的制备及性能研究

谭喜瀚◎著

U0340087

吉林大学出版社

·长 春·

图书在版编目（CIP）数据

铈酸钡基质子导体催化剂的制备及性能研究 / 谭喜
瀚著. -- 长春：吉林大学出版社，2023.7
ISBN 978-7-5768-1908-3

Ⅰ. ①铈… Ⅱ. ①谭… Ⅲ. ①汽车排气—废气净化—
研究 Ⅳ. ① X734.201

中国国家版本馆 CIP 数据核字（2023）第 137145 号

书　　名：铈酸钡基质子导体催化剂的制备及性能研究
　　　　　SHISUANBEIJI ZHIZI DAOTI CUIHUAJI DE ZHIBEI JI XINGNENG YANJIU
作　　者：谭喜瀚
策划编辑：卢　婵
责任编辑：单海霞
责任校对：陈　曦
装帧设计：三仓学术
出版发行：吉林大学出版社
社　　址：长春市人民大街 4059 号
邮政编码：130021
发行电话：0431-89580028/29/21
网　　址：http://www.jlup.com.cn
电子邮箱：jldxcbs@sina.com
印　　刷：武汉鑫佳捷印务有限公司
开　　本：787mm×1092mm　　1/16
印　　张：9
字　　数：120 千字
版　　次：2023 年 7 月　第 1 版
印　　次：2023 年 7 月　第 1 次
书　　号：ISBN 978-7-5768-1908-3
定　　价：48.00 元

前　言

　　高温质子导体是在高温及特定气氛下具有质子导电特性的材料，被广泛应用于燃料电池、氢气分离、氢气传感器和净化催化剂等领域。铈酸钡基质子导体因其较高的电导率，在近几十年受到了广泛关注，并成为现今研究最多的质子导体之一。

　　随着我国国民经济的迅速增长，机动车数量的日益增多，机动车尾气污染问题受到了人们的广泛关注。机动车尾气中所含的一氧化碳、碳氢化物和氮氧化物等污染物的大量排放，已导致酸雨和化学烟雾等灾害，严重污染了各大城市的空气环境，对人类的健康造成了巨大的威胁。我国针对机动车尾气的排放标准逐年提高，因此机动车尾气污染的防治成为现阶段环保研究的热点问题。针对机动车尾气进行催化净化处理是防治空气污染的有效途径。汽车尾气催化剂分为贵金属催化剂和非贵金属复合催化剂，虽然贵金属催化剂的研究较为成熟，应用也较为广泛，但贵金属的储量少、价格昂贵等缺点严重阻碍了其应用推广。非贵金属复合催化剂因其低廉的价格、优秀的热稳定性及催化性能，逐渐成为研究热点。其中，新型钙钛矿型催化剂因其具备催化活性高、活性良好和种

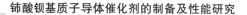

类丰富等优点而受到广泛关注。

本书从铈酸钡基质子导体催化剂研究的背景出发，介绍了机动车尾气污染的产生及其危害，国内外机动车尾气排放控制的标准，机动车尾气净化催化剂，钙钛矿型催化剂，铈酸钡基材料。

书中详细介绍了银、钴、钨和钐掺杂的铈酸钡基质子导体催化剂的制备及其表征方法。采用 XRD（X-ray diffraction，X 射线衍射）、SEM（scanning electron microscope，扫描电子显微镜）、FT-IR（Fourier transform infrared spectrometer，傅里叶变换红外光谱仪）和激光粒度分析等手段表征了掺杂前后催化剂的晶体结构、微观形貌等物化性质；使用交流阻抗谱法得到了该类催化剂材料的电导率和激活能，研究了温度、掺杂量对催化剂材料电化学性能的影响；使用气体催化反应系统研究各类催化剂分别在催化氧化 CO、CH_4 和 NO 的反应机理，分析了掺杂元素和掺杂量的改变对该类型催化剂催化活性的影响，筛选出催化活性高、性能稳定的催化剂材料，为钙钛矿催化剂在机动车尾气污染整治中的应用提供了理论基础和科学依据。

目　录

第1章　绪　论

1.1　研究背景

随着机动车工业的迅速发展和人们生活水平的不断提高，购买和使用机动车的人越来越多。然而，机动车尾气污染物的排放已经严重影响了我国各地大中城市的空气质量，并导致了雾霾、光化学烟雾、酸雨等一系列环境问题的日益恶化。这些环境问题严重威胁到了人们的日常生活和健康。机动车污染防治形势愈加严峻，针对机动车污染的治理方式已成为当今绿色环保领域的研究热点。目前，我国机动车保有量逐年持续增长。从2010年至2022年，我国已经连续12年成为世界机动车产销第一大国。截止2022年，全国机动车保有量达到了4.17亿辆，为2021年的1.1倍。2022年，全国机动车四项污染物排放总量初步核算总值为1557.7万t。其中，一氧化碳、碳氢化合物、氮氧化物和颗粒物的排放量具体核算值为768.3万t、200.4万t、582.1万t、6.9万t。机动车尾气排放是各大城市空气污染的主要因素。机动车尾气中排放的一氧化碳、碳氢化合物、氮氧化物和颗粒物四项主要污染物,占据空气污染总量的 90% 以上。柴油车的排放物主要是氮氧化物和颗粒物,它们的排放量分别占机动车总排放的 80% 和 90% 以上。汽油车的排放物主要是一氧化碳和碳氢化合物,它们的排放量分别占机动车总排放量的 80% 和 70% 以上[1]。

采用先进的机动车尾气净化催化技术是防治尾气污染的有力措施。然而当前我国机动车尾气污染催化净化技术相比于欧美日等发达国家(地区)存在较大的差距,催化剂的研发生产水平较低。多数机动车生产厂家依赖于美国或德国的净化装置来满足国内日益严苛的机动车尾气排放标准。这导致国内机动车尾气净化市场被国外技术和产品垄断,形成了尴尬局面。因此,我们亟须开展对机动车尾气排放净化技术的深入研究,尽快建立具有我国自主知识产权的机动车尾气净化技术,以达到并赶超国际先进水平。

机动车尾气的净化技术主要分为机内净化和机外净化。机内净化技术是指从发动机内部有害污染物的生成机理和影响因素出发,通过对发动机内部结构的升级改善,提升燃烧效率,使用符合绿色环保标准的燃料,或添加环保型燃料助剂,尽量减少和抑制污染物生成的绿色净化技术[2]。然而,机内净化技术净化能力有限,因为其不能去除气缸内因不完全燃烧等生成的有害物质。机外净化则是指利用发动机外置净化反应装置,在机动车尾气排出气缸但未进入大气之前,将尾气中的主要污染物一氧化碳(CO)、碳氢化合物、氮氧化物(NO_x)和碳颗粒物等,经由催化反应装置,吸附回收或催化净化转化为 CO_2、H_2O 和 N_2 等无毒产物的过程。目前,使用催化转化器是最为有效的降低机动车尾气排放污染物的途径,而催化转化器中装载的催化剂是保证污染物被充分净化的核心部分[3-5]。因此,开发高效实用的催化剂是降低机动车尾气污染的关键。

1.1.1 机动车尾气污染的产生及其危害

机动车作为移动的污染源，其采用内燃机作为动力装置，石化燃料不可能在内燃机中进行完全燃烧，排放的尾气中含有不完全燃烧所产生的生成物如碳烟、一氧化碳和碳氢化合物，燃料添加剂经过高温反应后生成的氮氧化物、铅和二氧化硫等有害物质，排放到空气中，成为大气环境污染日益加剧的主要因素[6]。据有关部门的统计，每千辆机动车每天会排放出 4 000 kg 的一氧化碳、300 ~ 370 kg 的碳氢化合物以及 80 ~ 140 kg 的氮氧化物。机动车尾气污染是大气污染的主要来源，对人体健康会造成巨大的破坏。

机动车排放的氮氧化物主要指 NO 和 NO_2。这类污染物对人类和动物的呼吸系统造成强烈的刺激作用，会造成呼吸系统的功能性损伤。虽然机动车尾气中的氮氧化物含量不高，但是其具有很强的生化毒性，其毒性是硫氧化物的 3 倍。氮氧化物进入肺泡的方式是通过呼吸道直接扩散，其与水反应生成硝酸或亚硝酸盐等腐蚀性化合物。硝酸会持续性地刺激肺黏膜，破坏肺部生理组织，导致相关肺部疾病。亚硝酸盐与血液中的血红蛋白结合，削弱血红蛋白运输氧气的能力，导致人体组织长期处于缺氧状态，影响各个器官的生理功能[7]。

碳氢化合物仅由碳和氢两种元素组成，包括烷烃、烯烃、炔烃、环烃以及芳香烃，主要是由化石燃料的不完全燃烧产生的，可以作为其他有机体的基体。经检测，机动车尾气中碳氢化合物的种类超过 150 种。碳氢化合物和氮氧化物在太阳紫外线的照射下会发生光化学反应，生成二次污染物，该污染物为具有强烈刺激性的淡蓝色烟雾，即光化学烟雾污染，其主要成分为臭氧、醛类、硝酸酯类等多种复杂化合物[8-11]。光化学烟雾主要伤害人和动物的眼睛、呼吸道黏膜和肺泡细胞，造成慢性呼吸系统疾病的恶化，严重影响植物的生长。甲烷等气态的碳氢化合物是导致"温室效应"的原因之一，一分子甲烷所造成的温室效应是一分子二氧化碳的28～36倍，该类污染物可降低土壤的活性，破坏微生物的生存环境并影响其生存。

机动车排放的污染气体中，一氧化碳的含量最高，约占70%。机动车尾气中污染气体的组成与车速有很大的关系，车速越快，碳氢化合物燃烧越充分，一氧化碳的排放量越小；反之，启动时机动车气缸中的石化燃料不完全燃烧，因此排放的尾气中一氧化碳含量最高，会造成严重的一氧化碳污染。当人体处于一氧化碳含量较高的环境中，组织缺氧，可能出现头晕、耳鸣、气短、心慌等症状，甚至导致窒息而亡。空气中微量的一氧化碳也能对人体造成严重的缺氧性伤害[12-13]。

机动车尾气中悬浮颗粒物进入肺泡会导致肺功能受损，从而增加呼吸道相关疾病的发病概率。当空气中含有高浓度的硫氧化物和氮氧化物等酸性气体时，就会形成酸雨，对人体健康和农作物的生长造成巨大危害；同时，酸雨还可以腐蚀建筑表面，造成安全隐患。此外，机动车尾气中还含有铅化合物，这对儿童的健康成长发育影响较大，特别是会对儿童的大脑造成永久性伤害，严重时甚至会出现儿童痴呆症状。孕妇呼吸过多的机动车尾气时，其中的铅化合物会通过母体进入胎盘，增加畸形婴儿的出生概率[14]。

1.1.2　国内外机动车尾气排放控制标准

早在20世纪六七十年代各大发达国家就发现机动车尾气排放的严重危害，从而对机动车尾气排放制定了相应的法律法规，推动了机动车尾气净化与控制技术的进步与发展。我国机动车工业发展较晚，从2001年开始，参考了大量欧盟标准制定了国一排放标准，开始在全国范围内实施。伴随着全球科技的不断发展，机动车排放控制技术也在不断创新改进，排放法规发展至今也越来越严格，每隔三至五年就会对原来实施的排放标准进行一次新的提升。中、欧、美轻型汽车排放标准如图 1.1 所示。

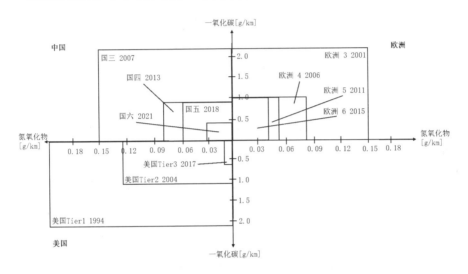

图 1.1　中、欧、美轻型汽车排放标准

美国是世界上最早执行排放法规的国家，对汽车尾气的控制可追溯到 1959 年，美国还是世界上排放控制指标种类最多、排放法规最严格的国家。美国现存两种机动车排放控制标准体系，分别为美国联邦排放标准体系和加州排放标准体系。美国的机动车排放法规分为联邦排放法规 [环境保护局（EPA）排放法规] 和加利福尼亚州空气资源局（CARB）排放法规。美国加州作为最早开始控制汽车尾气排放的地区，其早在 20 世纪 90 年代就将小型车辆按照排放量划分汽车类型，从低依次为过渡低排放车辆（TLEV）、低排放车辆（LEV）、超低排放车辆（ULEV）以及零排放车辆（ZEV）。从 1990 年美国清洁空气法修订颁布至今，美国联邦针对轻型机动车辆发布的排放标准有三个阶段：第一阶段排放标准命名为 Tier1；第二阶段排放标准命名为 Tier2；第三阶段排放标准命名为 Tier3。Tier1 于

1991 年发布，1994—1997 年之间分阶段实施。Tier2 于 1999 年发布，在 2004—2009 年之间分阶段实施，相对于 Tier1 给出了更加严格的排放限值，比如机动车寿命延伸至 19.3 万 km，为符合 Tier2 的要求，联邦还对机动车提出"补充废气排放标准"的测试要求，进一步缩紧了机动车污染物排放的管控。2014 年，发布标准 Tier3，在 2017—2025 年分阶段实施，Tier3 不仅对各种污染物的排放限值进行大幅度缩减，同时也提出了"车企生产的所有车型平均下来必须满足一定的 $NMOG+NO_x$ 限额"，我国的"双积分政策"正是参考了这个标准。加州的排放标准主要依照机动车的排放来划分机动车类别，主要进程是：2003 年以前，加州推行 Tier1/LEV Ⅰ 加州排放标准；2004—2010 年，加州分阶段实行 LEV Ⅰ 加州排放标准；2015—2025 年，加州开始分阶段实行 LEV Ⅱ 加州排放标准。目前实施的是在 2012 年 1 月正式确定的 LEV Ⅲ，实施的有效期为 2015 年至 2025 年。LEV Ⅲ 非常严格，其氮氧化合物及非甲烷有机气体两者相加，要小于 257.48 mg/km。

欧洲标准是由欧洲经济委员会（ECE）的排放法规和欧洲经济共同体（EEC）的排放指令共同加以实现的。随着欧洲一体化进程以及汽车保有量的增长，欧洲国家从 1992 年开始推行日趋严格的排放标准。从 1992 年欧 Ⅰ 的推出至今已经迭代了 7 部标准。机动车排放的法规标准在 1992 年前就已实施若干阶段，2000 年开始实施欧 Ⅲ（欧 Ⅲ 型式认证和生产一致性排放限值），相继于 2005 年、2009 年、2015 年分别实施欧 Ⅳ、欧 Ⅴ 和欧 Ⅵ 的机动车尾气排放标准。欧洲第七阶段排放标准（以下简称"欧 Ⅶ"）将从 2025 年 7 月 1 日起对欧洲境内的新车和轻型货车生效，2027 年开始对大型货车、卡车和公共汽车生效。欧 Ⅶ 简化了之前针对汽车、卡车和货车的排放标准，对汽车产生的污染物进行了更广泛的覆盖，首次对刹车、排气管以及轮胎颗粒物设定限值，并对电动汽车电池的耐用性制定了规则。欧 Ⅶ 的问世与 2014 年出台的欧 Ⅵ 相比，欧 Ⅷ 到 2035 年将使汽车和货车的氮氧化物排放量减少约 35%，公共汽车和卡车的氮氧化物排放量减少约 56%，刹车产生的颗粒物将减少约 27%，尾气微粒减少 13%。

日本的汽车尾气排放法规比较特殊，是由不同的法令和法律组合而成的。追根溯源，为了应对汽车尾气造成的大气污染问题，日本于 1966 年由运输省制定了第一部限制使用汽油燃料的汽车排放一氧化碳气体量的标准，主要规定了 CO（一氧化碳）的排放量，随着汽车保有量逐步增加，日本也在不断地修正其汽车尾气排放标准。除了 1966 年加入标准的 CO（一氧化碳）之外，碳氢化合物、NO_x（氮氧化合物）、PM（颗粒物）和铅化合物等作为排放控制标的物也被加入标准之中。比如 1986 年制定法规要求按期对车辆进行车检。1992 年规定在特定区域内，禁止使用不符合排放标准的卡车、公共汽车等机动车辆，2001 年对排放的 PM 和 NO_x 进行规定，只有符合法律标准的汽车才可以核准登记和通过车检。日本的排放标准日益严苛，比如在 2006 年要求 NO_x 削减 25% ~ 43%，PM 削减 15% ~ 50%。在对 PM 的规制上，日本比当年欧盟、美国的标准还严格；2009 年 9 月，日本空气质量标准增加了 PM 2.5 的指标，其标准与美国相同。2009 年，日本制定了全球最为严格的规定"后新长期规定"。在柴油车方面，规定将 NO_x 降低 40% ~ 65%、将 PM 降低 53% ~ 64%，基本上与汽油车达到相同水平[15]。

与欧美日等发达国家（地区）相比，20 世纪 80 年代，我国的机动车尾气排放净化与控制技术的发展方才起步。从我国的实际国情出发，采取分阶段实施、先易后难的计划方案。我国的汽车排放标准的制定主要借鉴了欧洲的汽车排放法规，严格意义上是从 2001 年开始至今已经走过了 6 个阶段，分别是国Ⅰ、国Ⅱ、国Ⅲ、国Ⅳ、国Ⅴ、国Ⅵ。需要说明的是，虽然国Ⅰ标准于 2001 年 7 月 1 日全面实施，但早在 20 世纪 80 年代初，我国就颁布了一系列机动车尾气污染控制排放标准，包括《汽油车怠速污染排放标准》《柴油车自由加速烟度排放标准》《汽车柴油机全负荷烟度排放标准》及其测量标准。

国 I 标准参考欧 I 标准，于 2001 年 7 月 1 日全国实施，主要是针对一氧化碳、碳氢化物和微粒排放有限值要求，一氧化碳为 3.16 g/km，碳氢化物为 1.13 g/km，柴油车的颗粒物标准不得超过 0.18g/km，耐久性要求为 50 000 km 等数值。1984 年 4 月 1 日起正式实行了 1983 年颁布的第一条机动车尾气排放标准法规。自 1999 年北京市率先在全国实施欧 I 机动车尾气排放标准以来，2001 年我国在全国范围内开始实施国 I（等效于欧 I 标准）排放标准以后每隔 3 年便实施更加严格的排放标准。国 II 排放标准中对于各种污染物排放标准的要求进一步提高（相当于欧 II 标准），于 2004 年 7 月 1 日全国实施。主要数值有：汽油车一氧化碳不超过 2.2 g/km，碳氢化合物不超过 0.5 g/km，柴油车一氧化碳不超过 1.0 g/km，碳氢化合物不超过 0.7 g/km，颗粒物不超过 0.08 g/km。国 III 标准相当于欧 III 标准，增加了车辆自诊断系统和对三元催化进行了升级，国 III 较国 II 的污染物排放总量要降低 40%。当年实现国 III 排放的方式有高压共轨、电控单体泵、泵喷嘴以及 EGR，而电控高压共轨发动机的制造技术对国内的造车企业而言，是一种全新的技术。国 IV 标准相对国 III 在排放后处理系统进行了升级，使得污染物排放标准较国 III 降低 50% ~ 60%，比如碳氢化合物不超过 0.1 g/km，一氧化碳不超过 1.0 g/km，碳氢化合物不超过 0.08 g/km。国 V 标准相比国 IV 标准，氮氧化物排放量降低了 25%，如碳氢化合物排放数值为 0.1 g/km，一氧化碳排放数值为 1.00 g/km，同时还增加了非甲烷碳氢和 PM 的排放限制，如碳氢化合物排放数值为 0.060 g/km，PM 排放数值为 0.004 5 g/km。国 VI 标准是我国目前现行的排放标准，在国 VI 排放标准中，出现了两种标准，分别是国 VI（a）和国 VI（b），国 VI 标准的实施分为两个阶段：第一阶段是在 2020 年 7 月 1 日，全国注册登记销售的车型均要符合国 VI（a）标准；

第二阶段是在 2023 年 7 月 1 日，全国范围实施国Ⅵ（b）标准，也就是真正的国Ⅵ到来。国Ⅵ（a）阶段的排放标准基本与国Ⅴ相同，仅仅是取了国Ⅴ排放要求中最严值。国Ⅵ（b）除了一氧化碳和颗粒物数量没有变化之外，其他气体的排放标准比国Ⅵ（a）严了几乎一倍。国Ⅵ采用了燃料中性的原则，即无论采用汽油、柴油还是气体燃料，排放限值都是相同的[16-20]。

1.2　机动车尾气净化催化剂

1.2.1　贵金属催化剂

贵金属催化剂因其在低温下高效去除挥发性有机物（VOCs），被广泛应用于尾气净化处理。贵金属催化剂主要指通过化学或物理沉积等手段，使铂、钯和铑等贵金属以原子形态负载在各种催化剂载体上，如氧化铝、堇青石等载体表面，或以共沉淀的方式形成。金、银、铂、钯和铑因其高效低温催化活性，被广泛用于构建贵金属复合体系[21]。

Uchisawa 等[22]研究了铂和二氧化硅催化剂，在富氧气氛下，铂催化一氧化氮氧化为二氧化氮，使二氧化氮进一步催化氧化碳颗粒，使其转化为二氧化碳。贵金属铂催化剂一方面加速一氧化氮和氧气反应生成二氧化氮，一方面催化二氧化氮与碳颗粒发生氧化反应。在催化氧化过程中，二氧化氮作为中间介质，促进了碳颗粒在贵金属催化剂表面的氧化反应，生成二氧化碳并提高了反应效率。

用于贵金属催化剂的最常见载体材料是整体或蜂窝状的陶瓷、金属材料、堇青石和沸石材料，其可分为活性载体和惰性载体。惰性载体（如 SiO_2、Al_2O_3、堇青石和沸石材料等）的稳定结构常被用于制备抗高温负载型贵金属催化剂。如图 1.2 所示，$Pt/\alpha-Al_2O_3$ 催化剂在 1 000 ℃高温工作环境下，α–Al_2O_3 载体表面负载的 Pt 颗粒经过 46 h 连续催化反应后未发生烧结现象。这主要是因为 α–Al_2O_3 载体表面暴露的晶面可以较好地固定 Pt 纳米颗粒，Al_2O_3 阶梯状的晶面结构表面能量较高，能量势垒阻止了 Pt 原子在其表面的扩散，同时阻止了 Pt 纳米催化剂颗粒的团聚[23]。

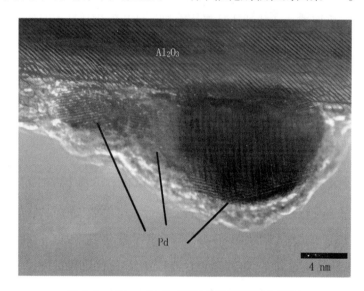

图 1.2　Pt/α–Al_2O_3 的高分辨率透射电镜图

活性载体（如 CeO_2、CuO 和 Co_3O_4 等）本身具有一定的催化活性，可作为催化剂参与催化反应。将贵金属负载于活性载体所制备的催化剂体系，在低温工作环境下可以表现出较好的催化活性。例如，在 CO 的催化消除实验中，Co_3O_4 表面丰富的 Co^{3+} 可以作为有效的吸附活性点。Co_3O_4 体相的晶格中的 Co—O 键具备较多的氧空位，从而提供了高浓度的体相氧，导致可在 -77 ℃ 下进行 CO 催化反应[24-25]。此外，CeO_2 体相中存在丰富的氧空穴，从而具备较高的储氧能力和还原能力。该类催化剂载体可以充分活化贵金属，并在催化反应过程中与贵金属之间产生较强的吸附作用力，最终使贵金属负载型催化剂获得优异的催化性能[26-27]。

Lang 等人[28]利用贵金属 Pd 负载在 CeO_2–ZrO_2 及 Al_2O_3 载体上进行

CO 催化氧化实验，并通过动力学研究 CO 催化机理。研究表明，Pd/CeO$_2$-ZrO$_2$ 催化剂在催化氧化 CO 实验的动力学研究中展现出较低的活化能。这表明了活性载体制备的贵金属催化剂在 CO 催化反应中具有较低的反应势垒，从而展现了优异的催化性能（图 1.3）。

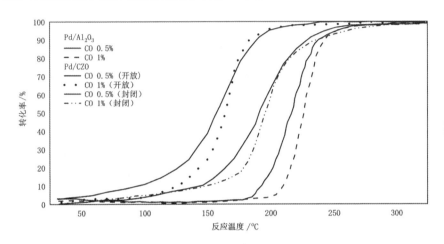

图 1.3 Pd/Al$_2$O$_3$ 及 Pd/CeO$_2$-ZrO$_2$ 的 CO 催化曲线

贵金属负载催化剂的催化能力取决于载体表面负载的贵金属粉体粒径大小和分散程度、贵金属的离子化合价、贵金属与载体有效组分形成的共价键方式以及载体的界面吸附能力。Gao 课题组[29]研究了不同结构的 CeO$_2$（块状、棒状和八面体结构）负载 Pt 制备的 Pt/CeO$_2$ 催化剂。

首先，CeO$_2$ 载体表面负载的 Pt 粉体尺寸在 2 nm 左右，在 Pt/CeO$_2$ 催化剂体系中具有较高的分散度。如图 1.4 所示，棒状结构具有良好的界面吸附能力，因此展现出最强的还原能力（还原能力：棒状＞块状＞八面体）。因此，在低温工作环境下，催化氧化 CO 活性最好（催化能力：棒状＞块状＞八面体）。Guo 等人[30]研究了不同形态的金（单原子金、小于 2 nm 的金团簇和 3 ～ 4 nm 金颗粒）催化氧化 CO 能力，将其负载在相同载体（CeO$_2$ 纳米棒）上，制备了 Au/CeO$_2$ 复合催化剂体系，研究了催化过程中金组分微观形态的变化。通过微观形貌观察，Au/CeO$_2$复合催化剂经过 CO 催化测试后显示，3 ～ 4 nm 的金颗粒在催化 CO 实验中具有良好的稳定性。金颗粒内部以 Au—Au 键为主，与金团簇及单原子金中金和 CeO$_2$ 载体形成的 Au—O 键不同，颗粒中独立存在的 Au 原子更多地吸附 CO，使其与 O$_2$ 反应，从而展现出了较高的催化性能，如图 1.5 所示。总体而言，在汽车尾气催化应用中，通过将贵金属与载体互补结合，减少了贵金属的使用量。选择不同的载体可以提高贵金属复合材料的高温稳定性，提高催化性能的同时提高了贵金属复合材料的利用率。

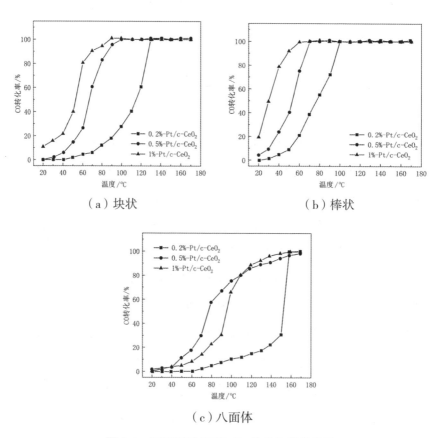

图 1.4　不同形貌 Pt/CeO$_2$ 的 CO 催化曲线

在 Pt 系催化剂中，Konsolakis 等人[31]采用脉冲等离子技术将 Pt 粒子以纳米颗粒（2.6 ~ 4 nm）的形式均匀分散在载体 CeO_2 表面上，制备的 Pt/CeO_2 复合催化剂表现出较高的催化活性。Fan 等人[32]则采用溶液燃烧法合成了 1% 的 Pt/CeO_2 催化剂。CeO_2 载体体相内的氧空穴的存在，使 Pt 与 CeO_2 存在强烈的 Pt^{2+}—CeO_2，进而使得 Pt/CeO_2 催化剂对 CO 具有较高的催化活性。Chen 等[33]报道了将 Al_2O_3 作为载体制备 Pt/Al_2O_3 催化剂。由于 Al_2O_3 具有良好的界面吸附力，可以较好地固定 Pt，展现出较好的催化氧化 CO 活性。

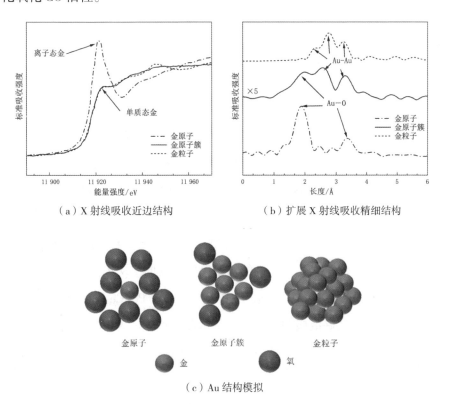

（a）X 射线吸收近边结构　　　　　（b）扩展 X 射线吸收精细结构

（c）Au 结构模拟

图 1.5　Au/CeO_2 材料中 Au 的 X 射线吸收精细结构

注：1 Å=0.1 nm。

在 Au 系催化剂中，Hu 等人[34]研究了以 Co_3O_4 和 Al_2O_3 为载体负载

Au 催化剂，在低温环境下催化氧化 CO 的催化活性。结果表明：Au 负载的催化剂的催化氧化 CO 活性主要受催化剂的制备工艺影响。在相同的工作温度下，Au 分散度高的催化剂具有较高的催化氧化 CO 活性。Li 等人[35]研究了以过渡金属氧化物为载体制备的 Au 复合型催化剂对 CO 氧化的催化性能。实验结果表明，制备的催化剂均具有很高的活性，其在超级低温工作环境（-73 ℃）下仍然可以转化 1% 的 CO。尽管 Au 复合型催化剂具有较好的催化活性，但是 Au 催化剂颗粒在工作条件下催化活性不稳定。

在 Ag 系催化剂中，Li 等人[36]将纳米银颗粒负载在 SiO$_2$ 上（负载量为质量分数 4.0%）。研究表明在 30 ℃就能够实现 CO 的完全转化。Yuan 等人[37]则将 Ag 负载在 SBA-15 上（Ag 的质量百分比为 1.42%）。催化剂经过高温 900 ℃制备，实验结果表明 Ag/SBA-15 催化剂在 20 ℃下，CO 的转化率就达到了 98%。然而 Ag 系催化剂的制备方法和处理都比较困难，并且单质 Ag 对 CO 的表面吸附能力较差，限制了它的应用。

Pd 系列催化剂是目前为止研究最多且应用前景最被看好的催化剂。Wang 等人[38]将 Pd 负载在 SBA-15 上，Pd/SBA-15 催化剂在低温工作环境下表现出良好的催化氧化 CO 活性。Femandez 等人[39]将 Pd 负载在基体 CeO$_2$ 上，制备了 Pd/CeO$_2$ 复合型催化剂，催化氧化 CO 的初始反应温度 t_{10} 比同类型的 CO 催化净化催化剂的初始反应温度低 129 ℃。其原因是当 Pd 纳米粉末颗粒负载在 CeO$_2$ 表面时，Pd 与 Ce 形成 Pd-Ce 界面空穴。Pd-Ce 界面对 CO 具有良好的吸附性，催化剂体相中产生的 Pd-Ce 界面空穴是非常活泼的催化反应中心。空穴促进了 O$_2$ 的活化，从而使 CO 氧化变得十分容易。

Hinokuma 等人[40]制得了 Pd/CeO$_2$ 催化剂用于 CO 催化性能研究，其 CO 催化性能在 900 ℃焙烧后比之前提高了 20 多倍。可能是焙烧后 PdO/CeO$_2$ 界面形成了 Pd—O—Ce，Pd 的氧化物高度分散在 CeO$_2$ 表面，Pd

和 CeO_2 的强相互作用和 O_2 在金属载体界面的吸附对催化剂性能的提升起到了重要作用。Wang 等人[41]制备了 $Pd/Ce_{0.8}Zr_{0.2}O_2$ 催化剂应用于催化氧化 CO 研究。结果表明，氧离子缺陷对催化剂的催化活性有着极大的影响，催化剂体相内的氧空位的形成促进了电子在晶格间的转移，加强了晶格氧在催化剂体相内的流动性，从而提高催化活性。目前的研究表明，以贵金属为负载的催化剂能够较大程度地提高 CO 催化活性。贵金属 Pd 与含 Ce 的金属氧化物（如 CeO_2 等）或非金属氧化物可以形成 Pd–Ce 界面空穴。在 Pd–Ce 界面上产生的氧空穴是非常活泼的活性中心，提高了晶格氧的流动性，展现出良好的催化氧化 CO 活性。

1.2.2　非贵金属复合催化剂

非贵金属复合催化剂具备生产成本较低、催化选择性高、催化活性好、催化剂制备工艺成熟、工作温度范围广等优点。然而，它们同时具有催化机理不明确、抗硫性能有待提高和高温易老化失活等缺点。多种金属氧化物按照一定的质量分数配比研制的复合型金属氧化物催化剂具有较大的催化优势，其催化互补效应表现优于单一组分的金属氧化物。根据催化剂内不同的活性离子，可以将金属氧化物催化剂分为 p 型和 n 型。p 型金属氧化物催化剂为活性组分，是指本身具有一定催化活性的氧化物催化剂，而 n 型金属氧化物催化剂为惰性组分，其本身催化活性较差。p 型催化剂的催化反应机理是 O_2 在催化剂表面分解，形成表面活性 O^-，O^- 不稳定，易发生氧化反应，从而生成 O^{2-}。然而惰性组分 n 型氧化物，其体相内部主要是晶格 O^{2-}，不易与催化组分反应，导致 n 型催化剂在低温环境下不具备催化反应活性。由于 O^- 比 O^{2-} 更不稳定，p 型氧化物可以在其表面吸附具有还原性的活性组分，因此在低温工作环境下，p 型氧化物展现出较好的催化活性，p 型氧化物具备深层催化氧化能力。目前研究的非贵金属氧化催化剂主要集中在 p 型氧化物[42-43]。

在催化氧化碳氢化物实验中，p 型氧化物中的金属元素主要位于元素周期表Ⅲ–B 至Ⅱ–B 族，包括 Co、Cu、Mn、Cr、Fe 和 Ce 等[44-54]。此类元素广泛应用于催化反应中。单一元素氧化物具有良好的催化活性，而两种或多种氧化物混合后，催化能力远高于单一组分。原因在于多组分混合后生成的复合体系表面具有更高的粒子迁移率，而Ⅲ–B 至Ⅱ–B 族金属的多重能级和大量的伴生 O^-，使得电子可以通过催化剂体相内的氧空穴在晶格间传导。因此，复合氧化物具有良好的实用前景。常见的复合氧化物催化剂包括钴铈氧化物、锰铈氧化物、铜铈氧化物和铜锰氧化物等[55-64]。

当前，复合氧化物催化剂材料研究主要包括尖晶石、钙钛矿、水滑石类等具有特定晶体结构催化剂[65-74]。例如，锰元素具有多个化合价（+2、+3 和 +4），导致锰氧化物具有多种晶相结构（β–MnO_2、γ–MnO_2、α–MnO_2、γ–Mn_2O_3、α–Mn_3O_4 和 Mn_5O_8），具有较多的三维立体结构（一维隧道、二维层状和三维立体结构）。锰氧化物结构的多变性被广泛应用于催化净化易挥发的有机污染物。Bai 等[49]利用 SBA–15 和 KIT–6 通过纳米级微观建模制备具有不同孔隙形貌的 MnO_2，发现 3D–MnO_2 在催化氧化乙醇方面具有较好的催化活性，在 150 ℃左右可 100% 转化乙醇生成二氧化碳和水。Kim 等[50]研究了锰化合物作为催化剂，催化氧化苯系列化合物（如苯、甲苯、乙苯和二甲苯）的催化性能，发现锰氧化物催化能力强弱顺序为 $Mn_3O_4 >$ $Mn_2O_3 > MnO_2$，其催化性能与氧在催化剂体相内的迁移速率密切相关。通过掺杂活泼金属（如 K、Ca 或 Mg 等）与 Mn_3O_4 等氧化物结合，可以提高催化剂的催化活性。其催化氧化反应机理可总结为生成的缺陷氧与苯类化合物中的羟基类基团反应。Wang 等[54]研究了不同形状 MnO_2 催化剂对甲苯催化活性的影响，实验结果表明，棒状、线形和纳米管状 MnO_2 催化剂中，棒状的 MnO_2 活性最佳。棒状的催化剂具有良好的比表面积和吸附形貌，并且通过改变活性氧物种的浓度和催化剂体相内的晶格缺陷数量，可以提升催化剂的催化活性。

Xie 等[75]利用有机溶剂丙三醇控制 Co 化合价的方法，制备了钴基介孔催化剂（介孔 -CoO、CoO_x、Co_3O_4）。其中，具有变价的 CoO_x 催化剂对二甲苯的催化性能最好。实验结果表明，表面 Co^{2+} 浓度直接影响钴的氧化物催化剂的催化能力。Co^{2+} 的存在有利于将 O_2 活化成氧原子吸附在催化剂表面，从而提高催化剂的催化活性。Ma 等[76]使用 SBA-15 模板成功制备了纳米级棒状 Co_3O_4 催化剂。通过将离子半径大于 Co 的 In 掺杂进 Co_3O_4 晶格中，提升其催化性能。通过改变 In 掺杂量来调节表面 Co^{2+} 浓度，该方法可显著提高 Co_3O_4 催化剂在低温环境下催化氧化丙烯的性能。

铝掺杂到铈锆复合材料中能够显著提高催化剂的高温热稳定性，催化剂经过 1 000 ℃处理 20 h 后，催化活性稳定[77]。催化氧化 CO 实验中，在 500 ℃时，单一组分 CuO 无法催化氧化 CO，单一组分 CeO_2 在超过 200 ℃下完全催化氧化 CO 为 CO_2。选用浸渍法将 CuO 与 CeO_2 结合，所得 CuO/CeO_2 催化剂样品在 120 ℃下 CO 的氧化率为 100%[78]。CuO/CeO_2 催化剂中混合的两种金属氧化物中掺杂金属离子与载体的晶格结构相互结合，产生较多的氧空位，加快了电子从体相到表相的传递，从而复合氧化物催化剂优于单一氧化物材料催化性能[79-88]。在金属氧化物中，过渡金属氧化物及稀土氧化物因其独特的化合价变价和良好的吸附性能，在复合氧化物催化剂中被用作反应助剂来增强催化活性。Chen 课题组[89]使用等离子体沉积将纳米颗粒 Cr、Cu 沉积在载体 CeO_2 表面。高温活化 25 h 后，Cr-Cu 负载的催化剂的 CO 氧化转化率远高于 Rh、Pd 和 Pt 负载催化剂。经过密度泛函理论计算，发现 Cu 在载体 CeO_2 表面替换了部分 Ce 原子进入载体晶格中，形成 Cu-CeO_2，显著提高了催化剂吸附 CO 能力。此外，体相中氧空穴作为氧配位活性位点数量显著提升。另外，Cr^{3+} 的引入可有效固定

催化剂表面的 Cu^+，因此，Cu 和 Cr 的协同效应提升了催化剂整体的催化性能。拥有变价的金属氧化物基于其本身价态变化引起的电子流动以及氧空位，在催化反应中表现出不同寻常的性能[90-92]。尖晶石结构的 Co_3O_4 中存在八面体配位 Co^{3+} 以及四面体配位 Co^{2+}，两种组分在 CO 催化反应中的贡献一直存在很大的争议[93-96]。Gu 课题组[97]用 H_2 将 Co_3O_4 还原为以八面体配位的 Co^{2+} 为主的 CoO 岩盐结构，但是 CO 催化性能却呈下滑趋势。随即作者引入 Cu、Cr 和 Fe 来替代晶格中 Co 组分，以获得不同配位的 Co^{2+} 及 Co^{3+}。优越的催化性能取决于八面体配位的 Co^{3+} 以及四面体配位的 Co^{2+}，并且在催化过程中该配位处的 Co^{2+} 极易被氧化为活性较高的 Co^{3+}。

采用溶胶凝胶法等制备方法将金属元素（如 Zr、Ce 和 Cr 等）添加到单一金属氧化物中，是当前研究的热点之一。多种金属合成的复合氧化物体相中，金属离子之间存在协同作用，可显著提升催化剂整体的催化性能。Mullins 等[98]研究发现，在催化氧化苯系列化合物中，催化剂 Cu、Mn、Ce 三元复合氧化物的催化活性较高。其中，Cu 的存在可将苯吸附在催化剂表面，显著提高了苯的氧化活性。当 CuO 添加量为 7% 时，在 175 ℃下，$Ce_{0.7}Mn_{0.3}O_2$ 催化氧化苯的转化率高达 50%。CuO 可以与 $Ce_{0.7}Mn_{0.3}O_2$ 在体相间存在协同作用，显著提升体相内的氧传导能力，增加氧空穴的数量，Cu 离子的存在也大大提升了电子的传导能力。此外，复合氧化物中锰和铈的比例缺陷造成的缺陷氧位有助于苯在催化剂表面的活化作用，从而提高催化剂整体的催化活性。Chen 等[61]利用静电纺丝结合燃烧法，制备了纳米级 $Ce_{1-x}Zr_xO_2$ 纤维状催化剂。发现制备的催化剂的纳米级微观结构在催化反应中具有独特的吸附活性。纤维状微观结构有利于催化剂体相内部的能量传导和电子传导，并且具有纳米纤维结构的催化剂具备良好的热稳定性能。Zhang 等[63]考察了不同载体的 $LaMnO_3$ 催化剂材料的催化活性，发现负载在 CeO_2 的催化剂对 1，2- 二氯丙烷的降解活性最佳。研究认为，载体 CeO_2 与 $LaMnO_3$ 界面处在高温工作环境下会生成活性氧，载体 CeO_2 会在催化剂表面产生一定的酸性，从而整体提升催化剂的催化能力。因载体 CeO_2 本身的催化性能，载体上的 $LaMnO_3$ 分散更加均匀，因此具有更加优异的界面性能。

尖晶石和钙钛矿结构的复合氧化物是优异氧化催化剂的一种。Carrillo 等人[66]报道，铜和钴形成的复合型氧化物，铜的存在会提升催化剂体相内部的氧空穴数量。复合催化剂的催化性能明显优于仅含一种金属氧化物的催化剂。铜和钴形成的 $CuCo_2O_4$ 尖晶石结构有利于氧离子和电子在催化剂体相内部的传导，是提高催化性能的主要原因。Worayingyong 等[69]报道席夫碱法获得高活性的 $LaCoO_3$ 催化剂。席夫碱法获得高活性的 $LaCoO_3$ 具有更高的比表面积。其表面的表面活性氧物种更加多样，有利于反应物汇总的氧化组分在催化剂表面吸附、分解和重组，从而展现出更加优异的甲苯氧化性能。

尽管非贵金属催化剂的催化氧化研究已取得丰厚的研究成果，但仍有几个比较严峻的问题阻碍了非贵金属催化剂的研究进展。首先，过渡金属氧化物能否均匀且稳定地负载在载体表面，在高温工作环境下不发生团聚，目前需要研究一些绿色简单的催化剂制备工艺，从而提高催化剂中有效组分的分散度。具体包括改进催化剂的制备方法，选择能耗更低的制备手段，选择催化活性更好的活性组分进行掺杂修正，针对不同形貌和组分的载体的改性，通过制备工艺和掺杂元素去调控活性组分分散阈值，活性组分价态选择及其过渡金属氧化物等粉体粒径的控制。其次，对催化剂微纳结构的认识不如贵金属催化剂充分。原因之一在于金属氧化物本身的结构比较复杂，一方面是传统的复合氧化物催化剂的设计缺乏理性的考虑。目前，我们迫切需要通过微调触媒的表界面形态来进行新型催化材料的合理设计，从而更清楚地认识催化中的主活性位。

1.3 钙钛矿型催化剂

1.3.1 钙钛矿型催化剂的结构

钙钛矿型氧化物是一类具有天然钙钛矿石（$CaTiO_3$）晶体结构的复合氧化物，其化学式表示为 ABO_3。其中，A 位通常为离子半径较大的碱金属离子、碱土金属离子和稀土金属离子等，A 位离子位于体心，并与 12 个氧原子配位。而 B 位通常为离子半径比较小的过渡金属离子，B 位离子处于八面体中心并与 8 个氧离子配位[99]。如图 1.6 所示，钙钛矿型复合氧化物的理想空间结构是空间点群 Pm–3m 的简单立方体。大部分元素周期表中的金属元素均可形成具备钙钛矿型的 ABO_3 化合物。实际上，不同的 A、B 元素构成不同的 ABO_3 晶体结构，具有不同的结构参数。通过改变配比数等系列参数，可以调节钙钛矿晶体的结构畸变和晶相转变。钙钛矿晶体具体晶型有立方对称性、正交对称性和菱面体对称性等几种晶体结构。通过掺杂元素的加入，晶体的结构畸变会直接影响 B—O 键的晶键数值，从而改变电子之间的关联和双交换强度。

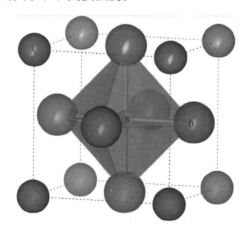

图 1.6　钙钛矿型复合氧化物（ABO_3）的晶体结构

通过选择与特定位置金属半径相同的粒子进行取代，从而调控钙钛矿的结构。与同族元素相比，钙钛矿结构的对称性较低。AB 位置配比的各种离子的大小应满足一定的条件，否则合成的化合物晶体结构不能满足钙钛矿型晶体特征，造成晶格内塌陷，或形成其他的晶体结构。因此，Goldschmidt 引入容限因子（tolerance factor）[100] 的定义，如式 1.1 所示：

$$t = \frac{r_A + r_O}{\sqrt{2}(r_B + r_O)} \tag{1.1}$$

其中 r_A、r_B 和 r_O 分别代表 A、B 以及氧离子的离子半径。理想的钙钛矿结构只在 t 接近于 1 或高温下才会出现，而大多数钙钛矿结构都会出现某种程度的畸变。这些畸变结构在高温时又可以转变为立方结构。只有当 $0.75 \leqslant t \leqslant 1.00$，$r_A \geqslant 0.090$ nm 和 $r_B \leqslant 0.051$ nm 同时满足的情况下，才可以形成钙钛矿结构[101]。当 $t > 1.00$ 时，以方解石或文石的形式存在。当容限因子 $t \approx 1.00$ 时，可以形成立方晶系的钙钛矿结构；当 $0.96 < t < 1.00$ 时，转变为六方对称性结构；当 $t < 0.96$ 时，形成正交晶系结构。晶格畸变使 B—O—B 弯曲，钙钛矿结构畸变与容限因子有关。ABO_3 钙钛矿结构中的 A 和 B 位离子的价态并不仅仅局限于二价、三价和四价，只要 A 和 B 离子的电价之和为 6，且离子半径相匹配，都可能形成钙钛矿结构。

钙钛矿结构从立方对称结构转变为正交对称或菱面体对称结构。引起钙钛矿晶格畸变的原因是 B 位离子的高自旋 Mn^{3+} 导致了 MnO_6 八面体的 Jahn-Teller 畸变。此外，钙钛矿结构衍生出的一种类钙钛矿结构，即层状钙钛矿结构，是 Ruddlesden-Popper 系列，如图 1.7 所示[102]，其结构通式为 $(Re, Ae)_{n+1}MnO_{3n+1}$，其中，n 个 M—O 层被 A—O 层分隔。当 n 无限大时，其表达式为 $(Re, Ae)_{n+1}Mn_nO_{3n+1}$，即为 ABO_3 钙钛矿结构。

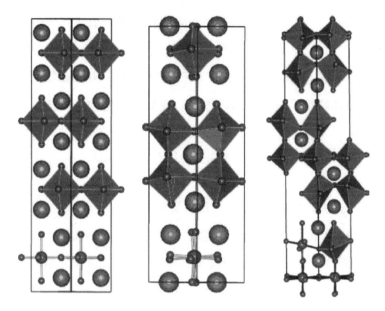

图 1.7 Ruddlesden–Popper 结构示意图

钙钛矿型复合氧化物因其具有光、电和磁等物理特性以及氧化还原性和催化活性等化学性质，在材料化学、固体物理和催化化学等研究领域广泛应用。它们已广泛用作催化剂、传感器、固体电解质、固体燃料电池、高温加热材料以及固体电阻器等，成为催化化学、材料化学和固态物理等领域研究的热点。

从物理学角度讲，钙钛矿的晶体结构简单，易于理论描述和建立理想模型系统。通过在 A 和 B 位部分掺杂取代，可以改变材料的物理和化学特性，如载流子浓度、能带宽度、离子价态和空位数量等，从而改变离子的配位环境，产生多种类型的相变：诸如铁电－顺电（FE-PE）转变、铁磁－顺磁（FM-PM）转变和金属－绝缘体（M-I）之间的转变[103]，这些前沿课题已成为当今物理和化学领域研究的热点，并具有广阔的发展应用前景。

1.3.2　钙钛矿型催化剂的制备方法

钙钛矿型催化剂的催化性能主要依赖于其晶体结构和化学成分。而不同的制备方法和制备工艺会导致催化剂性能出现很大的偏差，因此，在钙钛矿研究领域中，催化剂制备方法备受重视。各种制备方法可以改变钙钛矿催化剂的电学和磁学等性能，从而改变其形态、成分和结构，进而改变其物理和化学性能。此外，由于制备方法不同，可以得到不同形态的钙钛矿，具有广阔的应用范围。本书将介绍一些常用的钙钛矿复合氧化物的制备方法，并对其优缺点等进行综述。

1.3.2.1　沉淀法

沉降法是在碱性沉淀剂不停搅动的情况下，慢慢滴入盐混合物溶液，再将生成的沉淀物按顺序清洗、过滤、干燥、焙烧，得到所需要的催化剂。沉降方法有共沉淀法和浸渍法两种。影响催化剂催化效果的因素比较复杂，如混合液温度、pH、浓度、沉淀时间、原料加入方式、搅拌强度等。因此，应选择合适的催化剂制备条件，严格控制沉淀物的种类及粒度，以获得高比表面积、丰富孔隙结构的沉淀物。该方法的优势在于，载体对所载活性组分的数量不限，所加载的活性组分具有良好的分散性，操作简便，成分易控制，易掺入，适合钙钛矿催化剂的大批量生产。但是该方法的缺点也十分明显，如沉淀反应过程中活性成分沉淀不完全，沉淀过程中活性组分难以去除杂质，活性组分掺杂到载体后，稳定性差，各组分之间相互作用或易变质，难以控制载体的孔结构。

1.3.2.2　水热合成法

19 世纪中期，地质学家们模仿自然成矿原理，从热力学角度出发，开始将水热合成法应用于钙钛矿型催化剂的制备研究。在特制的密封反应容器（高压釜）中，以水溶液为反应介质，通过对反应容器进行加热，创造一种高温、高压的反应环境，使一般难溶性或不溶性物质溶解并重新结晶。水热法主要是利用反应物在低温下能形成相，在低温下晶体可生长，产品中成分的价态简单可控，因而所制得的催化剂具有粒度分布均匀、晶粒发育比较完整、成相单一、颗粒团聚小等特点，适合于制备高纯度、高均匀性的催化剂材料。水热合成法制备的催化剂种类具有局限性，反应过程难以控制，对反应工艺设备有较高的要求。

1.3.2.3　机械搅拌法

机械搅拌法，先将符合化学计量比的物料预混合，或者将相应的硝酸盐溶液溶于水中，再慢慢蒸干，得到前驱体。经过 300 ℃慢慢分解后，得到分解的混合物，然后加入助研剂，用球磨机高速粉碎。把磨碎的粉体取出，放入干燥箱中进行干燥处理，然后将其放置在马弗炉上经过高温煅烧，可获得粉末状催化剂样品。该方法设备简单，操作简便，成本低，但颗粒总体均匀度不好，局部均匀度差，不能实现完全混合。另外，该方法反应温度高，反应难以完全完成，所得催化剂在纯度、均匀性、粒径等方面均不理想。

1.3.2.4　溶胶凝胶法

溶胶凝胶法是 20 世纪 60 年代发展起来的一种制备玻璃、陶瓷等无机材料的工艺。近年来，许多人用此法来制备纳米微粒。其基本原理是将金属醇盐或无机盐水解形成溶胶，再聚合生成凝胶，最后经干燥和焙烧得到产品。目前采用的溶胶凝胶法按产生溶胶凝胶过程机制主要分成三种类型：

（1）传统胶体型。通过控制溶液中金属离子的沉淀过程，使形成的颗粒不团聚成大颗粒而沉淀得到稳定均匀的溶胶，再经过蒸发得到凝胶。

（2）无机聚合物型。通过可溶性聚合物在水中或有机相中的溶胶过程，使金属离子均匀分散到其凝胶中。常用的聚合物有聚乙烯醇、硬脂酸等。

（3）络合物型。通过络合剂将金属离子形成络合物，再经过溶胶 – 凝胶过程生成络合物凝胶。

溶胶凝胶法的化学过程首先是将原料分散在溶剂中，然后经过水解反应生成活性单体，活性单体进行聚合，开始成为溶胶，进而生成具有一定空间结构的凝胶，经过干燥和热处理制备出纳米粒子和所需要的材料。

其最基本的反应是：

水解反应：

$$M(OR)_n + xH_2O \rightarrow M(OH)_x(OR)_{n-x} + xR\!-\!OH \qquad (1.2)$$

聚合反应：

$$(OR)_{n-1}M\!-\!OH + HO\!-\!M(OR)_{n-1} \rightarrow (OR)_{n-1}M\!-\!O\!-\!M(OR)_{n-1} + H_2O \quad (1.3)$$

缩聚反应：

$$M(OR)_{n-2}M(OH)_2 \rightarrow \left[(OR)_{n-2}M\!-\!O \right]_m + mH_2O \qquad (1.4)$$

从反应机理上来看，这两种反应均属于双分子亲核加成反应。其活性受亲核剂活性、金属烷氧化合物中的配位基团性质、金属中心配位扩展能力、金属原子的亲电性等因素的影响。配位不饱和度是指金属氧化物总配位数和金属氧化物的氧化价态数的差值，反映金属中心配合扩展能力。调节反应温度和 pH 能够控制溶胶微粒的形成、溶胶向凝胶转化的时间以及凝胶结构，从而对催化剂的催化性能起着重要作用。溶胶凝胶法是由水解（或醇解）或离子间络合反应完成，制备时仅含有易分解的碳氢有机化合物或易分解的金属盐，焙烧过程中，残余有机化合物易于被去除。本法具有设备简单、纯度高、组成易于控制、合成温度低、粒度分布窄、化学成分均匀、催化活性高、分散度好等优点。

1.3.3 钙钛矿型催化剂的催化机理

1.3.3.1 催化氧化 CO 反应机理

目前，一氧化碳低温催化氧化法反应机理较多，其反应机制也因催化剂体系及反应条件的不同而异，迄今尚无定论。以贵金属和非贵金属氧化物催化剂为主的催化氧化法较常见，该反应机理主要是在这两种催化剂上展开。

贵金属催化剂（如 Au、Pt、Pd）表面在高真空和反应气体表现为还原性的条件下，催化氧化 CO 一般遵循 Langmuir–Hinshelwood（LH）机理进行[104-115]。在没有晶格氧参与的情况下，催化反应在吸附态的 CO 和吸附态的 O 之间发生，生成 CO_2。其具体过程如下式所示：

$$CO_g \rightleftarrows CO_{ads} \qquad K_1/K_2 \qquad (1.5)$$

$$CO_{2g} \rightarrow 2O_{ads} \qquad K_3 \qquad (1.6)$$

$$CO_{ads} + O_{ads} \rightarrow CO_{2g} \qquad K_4 \qquad (1.7)$$

K_1 和 K_2 分别为 CO 吸附和脱附速率常数，K_3 为吸附 O_2 的解离速率常数，K_4 为吸附态的 CO 与 O_2 的反应速率常数。在钙钛矿催化剂上，参与催化氧化反应中的 O 为非金属氧化物催化剂中的晶格氧，则催化氧化 CO 反应按照氧化 – 还原机理或者 Mars–van Krevelen 机理（简称 MVK 机理）进行[116-118]，具体过程如图 1.8 所示。图中显示，CO 和 O_2 分别在贵金属面的活性位上发生化学吸附，形成吸附态的 CO_{ads} 和 O_{ads}。这样，吸附在金属表面的 CO_{ads} 和 O_{ads} 就可以进行反应，生成 CO_2。产物中的氧直接来源于非贵金属氧化物中的晶格氧。气相中的氧用来补充催化反应中消耗的晶格氧，说明催化剂表面的晶格氧直接参与化学反应。具体反应过程如下：优先吸附于催化剂表面且被活化的 CO 分子与催化剂表面直接参与反应的晶格氧发生反应，由此产生的氧空位由气相中的氧气被吸附于催化剂表面产生的晶格氧补充，由此便实现了 CO 的氧化。

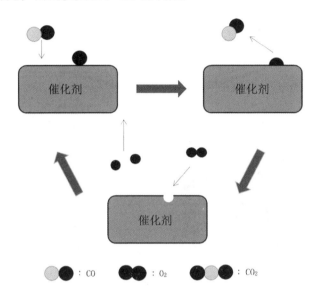

$\bigcirc\!\!\bullet$: CO　　$\bullet\!\!\bullet$: O_2　　$\bullet\!\!\bigcirc$: CO_2

图 1.8 催化氧化 CO 反应的 MVK 机理示意图

1.3.3.2 催化氧化 CH_4 反应机理

由于甲烷催化氧化催化剂活性组分不同，因此其氧化机理也不相同。但是由于催化活性物质的复杂性，对于甲烷催化氧化的机理，至今也没有一个确切的说法。由于甲烷的催化氧化催化剂大致可分为两类：贵金属催化剂和金属氧化物催化剂，因此甲烷的催化氧化机理的研究也在这两类催化剂上展开。

甲烷在贵金属催化剂上的反应机理，现代催化化学[119-120]一般认为，甲烷吸附解离后变成甲基或亚甲基。大部分研究者认为这些基团可以继续与催化剂内部的晶格氧发生反应，遵循 Mars-van Krevelen 机理。甲烷催化燃烧的 Mars-van Krevelen（MVK）模型如图 1.9 所示。Sara、Somkhuan 和 Baik 等人[121-123]研究了负载型 Pd 催化剂上的 CH_4 催化燃烧反应，实验数据表明反应遵循 Mars-van Krevelen 模型。Pyzik 等人[124]则用同位素标记法研究了 Pd/TiO$_2$/Al$_2$O$_3$ 上的 CH$_4$ 催化燃烧机理，结果同样证实了反应遵循 Mars–van Krevelen 机理。

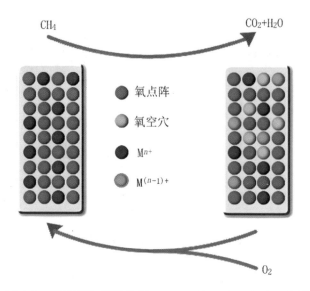

图 1.9 甲烷催化燃烧的 Mars–van Krevelen（MVK）模型

具体的反应过程如图 1.10 所示，CH$_4$ 和 O$_2$ 在催化剂表面吸附、活化。CH$_4$ 解离为甲基（CH$_3^*$）或亚甲基（CH$_2^*$），之后它们与吸附氧（O*）作用产生气态的 CO$_2$ 和 H$_2$O，或生成吸附态中间组分甲醛（HCHO*），或从金属表面脱附进而与 O* 反应生成 CO$_2$ 和 H$_2$O。而 HCHO* 作为中间物种，产生后会立即分解为 CO 和 H$_2$，而不会以甲醛分子（HCHO）的形式脱附到气相中。然而，贵金属催化剂上甲烷催化燃烧反应的控速步骤仍存在争论。对于不同催化剂，研究人员提出了数种典型甲烷催化燃烧反应模型，包括 Langmuir-Hinselwood（LH）、Eley-Rideal（ER）和 Mars–van Krevelen（MVK）模型。甲烷的催化燃烧反应的控速方程式表达为：

$$r=K_s \left(p_{CH_4}\right)^n \left(p_{O_2}\right)^m \qquad (1.8)$$

式 1.8 中，r 表示甲烷氧化的速率，K_s 表示反应速率常数；p_{CH_4} 表示反应中甲烷的分压，p_{o_2} 表示氧气的分压，n 为甲烷的表观反应级数，m 为氧气的表观反应级数。LH 模型认为反应物（甲烷和氧气）的竞争吸附是反应速率的控速步骤；有研究者认为 Pt 基催化剂遵循 LH 机理[125-127]。

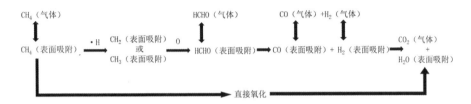

图 1.10　贵金属催化剂表面甲烷催化燃烧机理

ER 模型认为催化剂表面的吸附反应是快速步骤，而吸附组分在催化剂表面的分解重组反应是控速步骤。MVK 模型则认为甲烷和氧气均不在催化剂表面吸附，它包含氧化和还原两个步骤。催化剂被 CH_4 还原，然后被氧物种（例如气相氧、化学吸附氧等）氧化，从而形成一个氧化还原循环。这一循环是反应的控速步骤。Zhong[128] 研究了钙钛矿物的甲烷催化燃烧反应，发现在低温下，反应遵循 ER 模型，而当反应温度高于 500 ℃时，则遵循 MVK 模型。不过几乎所有的研究者都一致地认为催化剂的晶格氧是参与反应并可以影响反应活性的。

1.3.3.3　催化氧化 NO 反应机理

常温下，NO 能与 O_2 自发反应生成 NO_2，是一个体积减小的可逆放热反应。反应式如下：

$$2NO+O_2 \Longleftrightarrow 2NO_2 +112.6 \text{ kJ} \qquad (1.9)$$

尽管该反应是热力学上可能进行的反应，但是实际上，在 NO 浓度非常低时，反应速度非常缓慢，因此并不存在实际的动力学可行性。NO 氧化在一定温度范围内受到热力学平衡的控制，平衡常数 K_0 与温度的关系如下[116]：

$$\lg K_P = -5\ 749/T + 1.78\lg T - 0.000\ 5T + 2.839 \qquad (1.10)$$

NO_2 在低温下非常稳定。当温度低于 200 ℃时，K_P 很大，NO 几乎 100% 转化成 NO_2；高温下 NO 很稳定，NO_2 在 150 ℃时就开始分解成 NO，200 ℃时已明显分解，因此在 200 ℃以后 NO_2 浓度大幅下降[129-130]，如图 1.11 所示。NO 与 O_2 的反应是热力学可行的反应，但实际上低浓度 NO 与 O_2 均相反应速率很低。在过量的 O_2 中，NO 氧化为 NO_2 的速率取决于 NO 的浓度。当 NO 浓度低于 1%（烟气和工业废气中的 NO 通常低于此浓度）时，氧化反应十分缓慢。对于低浓度的 NO 氧化需要借助催化剂的作用，以加速 NO 氧化[131]。

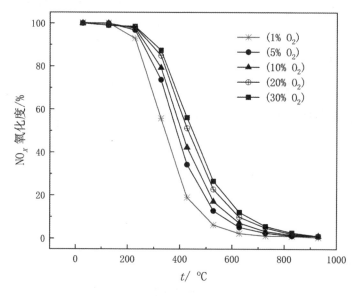

图 1.11　过量 O_2 条件下 NO_x 氧化度与温度的关系

1.3.4　钙钛矿型催化剂的研究现状

钙钛矿型氧化物（ABO_3）的催化活性主要由 B 位决定，A 位离子在本质上不参与催化反应，一般只起到控制 B 的原子价态和分散状态，发挥稳定结构的作用。Hirohisa 等[132]研究表明，钙钛矿型复合氧化物可用于 CO 的催化氧化反应。Bolz[133]首次提出镧基钙钛矿可用于机动车尾气催化净化技术中。此后，在汽车尾气催化净化领域，钙钛矿型复合物已成为催化净化研究的热点。Arai 等[134]则提出，亚锰酸盐和复合钙钛矿 Ba_2CoWO_6 可部分取代贵金属催化剂以降低成本。在研究钙钛矿结构的 A、B 位掺杂修饰的基础上，使钙钛矿型催化剂在较高温度下的催化活性达到贵金属催化剂的水平，加入少量的贵金属后，可以使贵金属在钙钛矿的晶体结构中稳定存在，大大减少贵金属的用量。

周克斌等[135]通过共沉淀法制备了 $LaFeO_3$、$LaCoO_3$、$LaFe_{0.96}Pd_{0.04}O_3$ 和 $LaCo_{0.96}Pd_{0.04}O_3$，并用 XRD 衍射手段对样品进行了结构分析。样品经过 900 ℃ 焙烧后成相，除了钙钛矿相以外，各样品经过高温焙烧后存在少量的氧化物杂质相。掺杂后样品的简单氧化物相的特征峰减弱其至消失，说明 Pd 已进入晶格，由此可以得到 Pd 的掺杂有利于钙钛矿晶相的形成。Pd^{2+} 低于 B 位金属离子的价态，经过掺杂 Pd 可以产生大量的氧空位或者生成高价的 Pd^{3+}，从而大大提高催化剂的催化活性。在 H_2-TPR（temperature-programmed reduction，程序升温还原）实验中，掺杂后的样品高温还原峰向低温移动，说明 Pd 的掺杂使晶格氧的活动性增加，并且 $LaCo_{0.96}Pd_{0.04}O_3$ 高温还原峰出现震荡，说明高温下催化剂易发生一定的还原反应。总之，对于 Fe、Co 系列催化剂，Pd 的掺杂可使 ABO_3 中 β 氧的活动性增强，从而使三效活性得以明显提高，对碳氢化合物和 NO 的活性提高尤为显著。

姚文生[136]采用溶液燃烧法制备了 $LaCoO_3$、$LaCo_{0.99}Pd_{0.01}O_3$、$LaCo_{0.98}Pd_{0.02}O_3$ 和 $LaCo_{0.97}Pd_{0.03}O_3$，制备过程中将一定量的氨水加入 Pd^{2+} 溶液中，Pd^{2+} 与氨水中的 NH_3 反应生成 Pd^{2+}-NH_3 络合物。此络合物利于形成单一的钙钛矿结构。通过系列催化性能测试，实验结果表明，少量的贵金属 Pd 存在会大幅度提升催化剂的氧化还原性。Pd 以 Pd^{3+} 和 Pd^{4+} 存在于钙钛矿晶格中，会产生大量吸附氧，大幅度增加了晶格中的氧空位。氧空位数量的多少直接关系到催化剂表面氧气组分的吸附与活化，影响催化剂的氧化还原性能[137]。在 Pd 掺杂后，催化剂样品 $LaCo_{0.97}Pd_{0.03}O_3$ 催化选择性最佳，能够明显提高 N_2 的选择性以及降低碳烟的起燃温度。贤晖等[138]采用共沉淀法和溶胶凝胶法分别制备了 $La_{0.7}Sr_{0.3}Co_{0.99}Pd_{0.01}O_3$ 和 $La_{0.7}Sr_{0.3}Co_{0.99}Pd_{0.01}O_3$。Pd 的加入使钙钛矿相衍射峰向较小角度移动，说明 Pd 进入了钙钛矿晶格，晶格参数整体变大导致晶格体积发生膨胀。溶胶凝胶法制备的样品有较大的比表面积，导致催化剂具备更佳的氧化还原能力、较大的 NO 储存量和 NO 向 NO_2 的转化率。Tanaka 等人[139]报道了 $LaFePdO_3$ 催化剂的自我再生功能，被称为"智能"催化剂。氧化还原条件下，贵金属元素 Pd 在 $LaFePdO_3$ 催化剂中存在于 B 位晶胞阵点。通过高温下化合价的变化促进钙钛矿晶格中进行氧化和还原交替反应。贵金属掺杂提高了样品的稳定性，解决了高温催化剂烧结的问题。Fu 等[140]用高温合成法制备了 $BaCeO_3$、$BaCe_{0.95}Pd_{0.05}O_3$ 和 $BaCe_{0.9}Pd_{0.1}O_3$。$BaCeO_3$ 进行 B 位掺杂，Pd 以 Pd^{2+} 的形式进入钙钛矿晶格，且最大掺杂量为 10%。对于 CO 氧化过程，催化活性归结于钙钛矿晶格中 Pd^{2+} 的存在，与 Pd 粒子大小和 PdO 的分散程度无关。ABO_3 晶格能在保证其基本的钙钛矿晶体形态的情况下，几乎容纳所有稀土元素和过渡金属元素，并能用不同种类、价态金属离子的单掺杂或共掺杂来调节钙钛矿晶格的离子价态与配位环境。A 和 B 两个晶格单元都可以部分地被其他元素替代，通过调节掺杂元素的种类和价态使晶胞内部产生一定的晶格缺陷，在保持良好的热稳定性同时，去改变催化剂的催化性能。

1.4 铈酸钡基材料

在钙钛矿型质子导体中，$BaCeO_3$ 基材料与同类型的钙钛矿材料相比具有最高的质子电导率。因此在 SOFC（solid oxide fuel cell，固体氧化物燃料电池）领域被广泛作为优良的电解质材料使用。多种 $BaCeO_3$ 基材料质子导体在 600 ℃下电导率均能达到 $1.0 \times 10^{-4} \, S \cdot cm^{-1}$ 以上。其中，$BaCe_{0.8}Y_{0.2}O_{2.9}$ 的电导率值最大[141]。结果普遍显示，$BaCe_{0.8}Y_{0.2}O_{2.9}$ 在湿润含氧气氛中，在 600 ℃下电导率可以达到 $1.0 \times 10^{-2} \, S \cdot cm^{-1}$ 以上。由于 $BaCeO_3$ 中含有 Ce 元素，性质与 $SrCeO_3$ 相似，在含水气氛中会发生分解，难以稳定存在[142]。因此向 $BaCeO_3$ 内掺入 Zr 元素可以提高 $BaCeO_3$ 的化学稳定性[143-151]。掺 Zr 后的 $BaCeO_3$ 在 CO_2 气氛中持续工作 3 h 仍能保持内部结构稳定。XRD、DTA（differential thermal analysis，差热分析）及 TGA（thermogravimetric analysis，热重分析）分析结果皆显示化合物几乎没有变化。但是 Zr 掺杂会导致 $BaCeO_3$ 材料的电导率降低。为此，研究者进行了大量的实验，研究 Zr 掺杂对 $BaCeO_3$ 性能的综合影响，权衡材料的电导率与稳定性，探寻得到电导率及化学稳定性均较高的材料 $BaCe_{0.7}Zr_{0.1}Y_{0.2}O_{2.9}$，其被认为是最适合制作质子导体燃料电池的电解质材料，并进行了大量的燃料电池性能的研究[152-153]。最近，一些文献报道了一种新的掺杂方法：向 $BaCeO_3$ 与 $BaZrO_3$ 基体的 Ba 位掺杂 K 元素，可以有效地提高质子导体的电导率，但是由于碱金属在高温下会有挥发，所以当 K 掺杂量超过 0.15 后，材料的 XRD 图中，都会出现 CeO_2 或 ZrO_2 峰[154-157]，$BaCeO_3$ 基材料电导率较高，经过化学稳定性改进后，在燃料电池、氢气分离和低温氢气传感等方面有很好的应用前景[158]。

1.4.1 铈酸钡的晶体结构

铈酸钡晶体中，Ba 原子占据立方体晶格的八个顶角，Ce 原子占据立方体体心位置，O 原子占据立方体的面心位置。其中，Ba 原子和 O 原子形成面心立方最密堆积，Ce 原子占据由 6 个 O 原子形成的正八面体空隙。CeO_6 八面体共用顶点围绕 Ba 原子形成立体结构，Ba 原子被 12 个 O 原子包围。铈酸钡有正交、四方和立方三种晶体结构。其中正交结构的晶格常数为：$a=0.877\,9$ nm，$b=0.621\,4$ nm，$c=0.623\,6$ nm；四方结构的晶格常数为：$a=b=0.621\,2$ nm，$c=0.880\,4$ nm；立方结构的晶格常数为：$a=0.437\,7$ nm。

1.4.2 铈酸钡基钙钛矿的应用

1.4.2.1 质子导体

铈酸钡具有高的质子导体传导率，因而是性能优秀的高温质子导体。铈酸钡基陶瓷在氢气传感、水蒸气传感、氢燃料电池、有机加氢脱氢、电化学合成等领域中有广泛的应用。然而，铈酸钡陶瓷材料在化学稳定性和力学性能方面存在一些问题。例如，CO_2 和 SO_x 等酸性气体反应时，容易引起质子导电性下降，从而影响其应用效果。

1.4.2.2 燃料电池

三价稀土阳离子掺杂的 $BaCeO_3$ 及 BZCY（Zr 与 Y 掺杂的 $BaCeO_3$ 质子导体）在燃料电池应用方面有着优良的性能。Peng[153] 等以 $BaCe_{0.8}Sm_{0.2}O_{2.9}$（BCS）和 $BaCe_{0.8-x}F_xSm_{0.2}O_{2.9}$（BCSF）为电解质，通过组装成单电池测试其电化学性能，$BaCe_{0.8-x}F_xSm_{0.2}O_{2.9}$ 的单电池在 500 ℃和 700 ℃时其功率密度峰分别为 72 mW·cm^{-2} 和 334 mW·cm^{-2}，电池性能远优于前者，BCS 的电池效率为 BCSF 的 20% ~ 60%，这显示通过 F 元素掺杂 BCS 的电化学性

能显著升高。Lin[154]等以 $BaCe_{0.5}Zr_{0.3}Y_{0.16}Zn_{0.04}O_{3-\delta}$（BZCYZn）为电解质，通过组装单电池测试其电化学性能，该电池的电流-电压（I-U）曲线呈现直线的状态说明 Zr 和 Y 掺杂的铈酸钡基质子导体的电极极化非常小。

1.4.2.3 催化剂

$BaCeO_3$ 材料具有良好的光催化氧化还原活性和气体反应催化活性。以 $BaCeO_3$ 为催化剂，在紫外光照射下，可以将水分解为氢气和氧气。2007 年，袁玉鹏等[155]发现在不借助任何辅助催化剂和牺牲试剂的前提下，在 40 W 高压汞灯的照射下，$BaCeO_3$ 催化剂粉体可将纯水分解成氢气和氧气。$BaCeO_3$ 基材料可作为 NO 还原和 CO 氧化的催化剂材料[156-157]。Maffei 等[158]选择 Co 和 Zr 掺杂的 $BaCeO_3$ 催化氧化模拟柴油机尾气中的 NO_x 和碳颗粒。研究表明，经过掺杂 Co 和 Zr 后，$BaCeO_3$ 催化剂粉体的 NO_x 催化氧化活性在 380 ℃时达到最大，催化氧化碳颗粒的转化率在 436 ℃时达到最大值。$BaCeO_3$ 基材料作为二氧化碳和水蒸气制合成气反应的催化剂。Sarabut 等人[159]通过在 $BaCeO_3$ 中掺杂 Sr 和 Zr 提升了 $BaCeO_3$ 在 CO_2 气氛中的稳定性。Sr 和 Zr 掺杂牺牲掉 $BaCeO_3$ 部分电化学性能，但是大大地提升了 $BaCeO_3$ 在 CO_2 气氛中的稳定性，提升了 CO 产率。在 550 ~ 800 ℃时，Zr 掺杂量为 0.4 时，合成气反应的 CO 产率最高。

1.5 本研究的选题意义及研究内容

本研究旨在基于课题组已有工作开展新型质子导体研究，用于机动车尾气净化处理。在我国贵金属资源匮乏的情况下，研发新型质子导体催化剂材料替代稀缺昂贵的贵金属，既可以应用于机动车尾气催化净化，又可以应用于冶金、化工、火电等行业有害废气的净化处理，为我国有害气体污染防治提供共性技术支持。因此，项目的研究工作具有重要的科学意义和实用价值。

本研究制备以 Ba 为 A 位元素，稀土元素 Ce 为 B 位元素，Ag、Co、W 和 Sm 为 B 位掺杂元素的 ABO_3 系列钙钛矿型质子导体催化剂，并研究了制备工艺条件对其物理性质及性能的影响，探索最佳的质子导体制备工艺条件。同时，考察了不同掺杂量对铈酸钡基质子导体结构和性能的影响，确定最佳的掺杂成分及掺杂量，制备出粒度小、分散均匀和比表面积大的质子导体材料。本研究还考察了质子导体对机动车尾气中污染气氛的催化净化性能，筛选出活性高、稳定性好的质子导体催化剂，并研究了不同掺杂情况等因素对质子导体催化活性的影响，对催化反应过程进行了分析，为此类催化剂的开发和应用提供理论基础和科学依据。

（1）本研究采用溶胶凝胶法制备 $BaCe_{1-x}M_xO_{3-\delta}$（M=Ag、Co、W、Sm）系列钙钛矿型质子导体催化剂粉体，并研究制备工艺对催化剂的粒度、分散度、比表面积、粒径分布等物理性质的影响，结合溶胶凝胶过程探索最佳的前驱体制备工艺，以获得粒度小、分散均匀、比表面积大和粒径分布均匀的质子导体催化剂粉体。

（2）选用 XRD、SEM 等材料物理性能表征手段，对催化剂物相组成、微观形貌、比表面积等影响催化性能的因素进行相关测试和表征。并进一步优化材料的制备工艺，为后续研究催化性能测试提供基础。采用交流阻抗等电化学测试手段，表征材料的电导率等电化学性能，并探讨催化剂材料电化学性能和其催化性能之间的关系。

（3）本研究设计组装催化剂活性评价装置，实现对催化剂活性的准确评价。研究掺杂元素和掺杂量的改变对铈酸钡基质子导体催化活性的影响，通过比较实验中 CO、CH_4 和 NO 的转化率，探究不同组成的质子导体的催化性能变化规律。通过气体催化净化实验，研究铈酸钡基催化剂在不同工作温度和气氛下的催化性能变化，以筛选出催化活性高和性能稳定的铈酸钡基质子导体催化剂。本研究为质子导体催化剂在机动车尾气污染防治处理中的应用提供理论基础和科学指导。

第2章 实验原料、仪器 和分析表征方法

2.1 实验原料及仪器

本研究以金属硝酸盐等作为原料，EDTA 和柠檬酸等作为络合剂，硝酸和氨水作为起燃剂，采用改进后的溶胶凝胶法制备 $BaCe_{1-x}M_xO_{3-\delta}$（M=Ag、Co、W、Sm）系列铈酸钡基质子导体催化剂。利用多种分析测试手段对所制备的催化剂材料进行全面的性能表征。表 2.1 和 2.2 分别列出了本书所使用的实验仪器设备和所需药品。

表 2.1 实验仪器设备

仪器名称	仪器型号	生产厂家
电子天平	FA2204B	上海精科天美科学仪器有限公司
超级恒温槽	SC-20	南京舜玛仪器有限公司
数显电动搅拌器	JJ-1A	常州市荣华仪器制造有限公司
电热炉	DL-1G	上海尚仪仪器设备有限公司
行星式球磨机	QM-3SP4	南京大学仪器厂
高温箱式电阻炉	YFX9/170-YQ	上海意丰电炉有限公司
高温管式炉	GSL-1400X	合肥科晶材料技术有限公司
粉末 X 射线衍射仪	Ultima IV	日本理学
傅里叶变换红外光谱仪	Nicolet 6700	美国 BIO-RAD（伯乐）公司

仪器名称	仪器型号	生产厂家
扫描电子显微镜	S–3400N	日立公司
纳米激光粒度仪	Zetasizernano s90	英国马尔文仪器有限公司
热重分析仪	SDT–Q600	美国 Thermo 公司
相位阻抗分析仪	Solartron 1260	美国阿美特克电子仪器
气相色谱仪	Agilent 6820	安捷伦科技有限公司
气体质量流量控制器	YJ–700C	广西南宁控鑫仪表有限公司

表 2.2　实验所需试剂

试剂名称	分子式	规格	生产厂家
硝酸钡	$Ba(NO_3)_2$	分析纯	阿拉丁化学试剂有限公司
硝酸铈	$Ce(NO_3)_3 \cdot 6H_2O$	分析纯	国药集团化学试剂有限公司
硝酸银	$AgNO_3$	分析纯	国药集团化学试剂有限公司
硝酸钴	$Co(NO_3)_2 \cdot 6H_2O$	分析纯	国药集团化学试剂有限公司
硝酸钐	$Sm(NO_3)_3 \cdot 6H_2O$	分析纯	国药集团化学试剂有限公司
三氧化二钴	Co_2O_3	分析纯	上海阿拉丁生化科技有限公司
EDTA	$C_{10}H_{16}N_2O_8$	分析纯	国药集团化学试剂有限公司
柠檬酸	$C_6H_8O_7 \cdot H_2O$	分析纯	国药集团化学试剂有限公司
硝酸	HNO_3	65%	阿拉丁化学试剂有限公司
氨水	$NH_3 \cdot H_2O$	25%	天津市富宇精细化工有限公司
高纯度石英棉	SiO_2	分析纯	上海阿拉丁生化科技有限公司
无水乙醇	CH_3CH_2OH	分析纯	天津市富宇精细化工有限公司
CO 混合气	CO	1%	沈阳顺泰特种气体有限公司
CH₄ 混合气	CH_4	1%	沈阳顺泰特种气体有限公司
NO 混合气	NO	1%	沈阳顺泰特种气体有限公司
高纯氮	N_2	99.99%	沈阳顺泰特种气体有限公司
高纯氧	O_2	99.99%	沈阳顺泰特种气体有限公司
高纯氩	Ar	99.99%	沈阳顺泰特种气体有限公司

2.2　催化剂的制备方法

本研究采用 EDTA 和柠檬酸作为络合剂，金属硝酸盐作为前驱体的溶胶凝胶法制备了一系列 $BaCe_{1-x}M_xO_{3-\delta}$（M=Ag、Co、W、Sm）系列钙钛矿型质子导体催化剂。具体操作步骤如下：

（1）在夹套烧杯中均匀混合 200 mL 去蒸馏水和 50 mL 氨水，开启搅拌装置，混合均匀后，按照 1.5 倍物质的量于总金属离子的量来称取络合剂 EDTA，同物质的量与总金属离子的量来称取柠檬酸，待其在夹套烧杯均匀溶解后，逐一加入金属硝酸盐。

（2）使用分析天平精准称量金属硝酸盐，具体配比详见表 2.3 ~ 2.6。

表 2.3　$BaCe_{1-x}Ag_xO_{3-\delta}$（$x$=0、0.02、0.04、0.06、0.08）原料配比

掺杂量 x	$m[Ba(NO_3)_2]/g$	$m[Ce(NO_3)_3 \cdot 6H_2O]/g$	$m(AgNO_3)/g$
0	26.134 0	43.422 0	0
0.02	26.134 0	42.553 5	0.339 7
0.04	26.134 0	41.685 1	0.679 4
0.06	26.134 0	40.816 6	1.019 2
0.08	26.134 0	39.948 2	1.358 9

表 2.4　$BaCe_{1-x}Co_xO_{3-\delta}$（$x$=0.05、0.10、0.15、0.20）原料配比

掺杂量 x	$m[Ba(NO_3)_2]/g$	$m[Ce(NO_3)_3 \cdot 6H_2O]/g$	$m[Co(NO_3)_2 \cdot 6H_2O]/g$
0.05	26.134 0	41.250 9	1.455 1
0.10	26.134 0	39.079 8	2.910 3
0.15	26.134 0	36.908 7	4.365 4
0.20	26.134 0	34.737 6	5.820 6

表 2.5　$BaCe_{1-x}W_xO_3$（x=0.10、0.20、0.30）原料配比

掺杂量 x	$m[Ba(NO_3)_2]/g$	$m[Ce(NO_3)_3 \cdot 6H_2O]/g$	$m(H_2WO_4)/g$
0.10	26.134 0	39.079 8	2.910 3
0.20	26.134 0	34.737 6	5.820 6
0.30	26.134 0	30.395 4	8.730 9

表 2.6　$BaCe_{1-x}Sm_xO_{3-\delta}$（$x$=0.05、0.10、0.20、0.30）原料配比

掺杂量 x	$m[Ba(NO_3)_2]/g$	$m[Ce(NO_3)_3 \cdot 6H_2O]/g$	$m(BaCe_{1-x}Sm_xO_{1-\delta})/g$
0.05	26.134 0	41.250 9	2.222 3
0.10	26.134 0	39.079 8	4.444 7
0.20	26.134 0	34.737 6	8.889 4
0.30	26.134 0	30.395 4	13.334 1

　　在开启恒温水浴槽时，将温度设置为 50 ℃，逐一加入金属硝酸盐。使用稀硝酸和氨水对混合溶液的 pH 进行调节，pH 控制在 7 ～ 8，始终保持溶液呈透明状且无沉淀产生。当掺杂元素为银时，使用硝酸银溶液；掺杂元素为钨时，则需要使用钨酸溶液。

　　（3）在恒温 90 ℃搅拌 4 h 后，部分水分会挥发掉，导致溶液体积减少至原体积的五分之二。量取 50 mL 浓硝酸和 100 mL 氨水，将两者混合充分反应后，等冷却至室温后加入加套烧杯中，待其与溶胶充分混合，停止搅拌但不可停止加热。

　　（4）将得到的透明胶体转移到不锈钢容器中，使用电热板对其加热处理。凝胶逐渐脱水，变为黑色沥青状，继续加热凝胶逐渐固化结块，随即从中心点开始迅速自燃，得到蓬松海绵状前驱体粉体团聚物。

　　（5）使用氧化锆球磨罐对前驱体蓬松团聚物进行球磨并添加少量无水乙醇，将转速设置为 300 r·min^{-1}，球磨 1 h。球磨后的粉体进行冻干处理后用 140 目筛子筛分得到催化剂前驱体粉体。

　　（6）使用高温刚玉坩埚盛装前驱体粉体，在管式电阻炉高温焙烧至 1 000 ℃。空气气氛下，以 4 ℃·min^{-1} 升温速率从室温升至 1 000 ℃，恒温 6 h，然后自然冷却至室温，即可得到待测催化剂粉体样品。

　　$BaCe_{1-x}M_xO_{3-\delta}$ 质子导体催化剂粉体样品制备过程如图 2.1 所示。

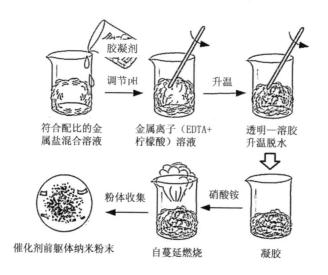

图 2.1 溶胶凝胶法制备 BaCe$_{1-x}$M$_x$O$_{3-\delta}$ 的过程示意图

（7）使用等静压成型技术制备片状铈酸钡基催化剂样品。称量 0.5 g 粉体样品置于不锈钢模具中，使用油压机压力成型，制成直径 10 mm、厚度在 1.5 ~ 2.0 mm 的圆形片状样品。将样品真空密封在聚乙烯薄膜内，使用等静压机进行冷等静压，选择压力为 200 MPa，恒压保持 5 min。使用高温马弗炉对催化剂片状样品进行高温烧结，在空气气氛下，研究不同烧结温度对催化剂样品性能的影响。

2.3 催化剂的表征方法

2.3.1 结构、形貌及物相表征

2.3.1.1 热重 – 差热分析

本实验采用美国 Thermo 公司生产的 SDT–Q600 型热重分析仪测试催化剂粉体吸放热和失重变化，以确定催化剂粉体的焙烧工艺。使用刚玉坩埚

盛放溶胶凝胶法制备的前驱体粉体样品，气氛为干燥的空气。设置升温速率为 20 ℃·min⁻¹，测试温度为室温至 1 200 ℃，恒温保持 30 min，为减少实验误差，相同程序运行三次空白对比实验。

2.3.1.2　物相分析

本实验的 X 射线衍射测试采用的是日本理学公司的 Ultima IV 型 X 射线衍射仪，分别对 1 000 ℃ 焙烧后的粉体样品和高温煅烧后的片状样品进行 XRD 测试。具体测试条件如下：空气气氛为室温，扫描模式选择连续扫描，扫描速度为 15°·min⁻¹，管电压 40 kV，管电流 40 mA，扫描范围 2θ 为 20° ~ 80°，步长为 0.02°。采用 MDI Jade 5.0 处理数据。

2.3.1.3　结构分析

本实验采用美国 BIO-RAD（伯乐）公司生产的 Nicolet6700 傅里叶变换红外光谱仪测定催化剂样品的红外光谱。具体过程如下：称取 5 mg 样品置于玛瑙研钵中研细，按样品∶KBr=1∶100 的比例加入溴化钾并研磨均匀；混合样品在体积分数 20%O₂/N₂ 的混合气中升温至 300 ℃并保持 40 min；在氮气气氛下将温度降至所需温度，吹扫 40 min，采集实验背景；将制备好的样品装入样品池中，进行红外光谱扫描并记录红外光谱背景。分辨率为 0.5 cm⁻¹，扫描次数为 32，扫描范围为 4 000 ~ 400 cm⁻¹（中红外光可以用来研究基础震动和相关的旋转－震动结构）。

2.3.1.4　粒径分析

本实验的样品粒度分析采用 Zetasizernano s90 激光粒度仪，以无水乙醇为分散剂，对溶胶凝胶法制备的催化剂粉体进行粒度分析。具体方法如下：用电子天平分别称取 30 mg 样品置于相同的烧杯中，然后加入 50 mL 乙醇，置于超声波震荡仪中震荡 5 min 使粉体分布均匀。打开激光粒度仪，将取样器放入仪器中进行背景测试，通常为 4.98；取出取样器，加入样品置于仪器中固定好，开启搅拌按钮，搅拌 2 min 测试浓度三次，待浓度基本稳定后进行粒度测试，测试完成后将得到的数据转化为数据图形。

2.3.1.5 比表面积分析

本实验采用美国康塔公司生产的 Quadra Surb SI 型比表面分析仪进行。该仪器利用液氮吸附法，测量不同氮分压下样品的氮饱和吸附量，通过氮气吸–脱附等温线的线性部分（p/p_0=0 ～ 0.3），计算得出比表面积。

2.3.1.6 致密度分析

相对密度是表征样品致密度的重要指标。本实验使用阿基米德排水法测量高温烧结后的铈酸钡基催化剂片状样品的实际密度[160]。实际密度的计算公式如式 2.1 所示：

$$\rho = \frac{m_1 \rho_{水}}{m_3 - m_2} \qquad (2.1)$$

式中，m_1 表示样品在空气中的质量（干重），单位为 g；m_2 表示样品放进去离子水中时的质量（湿重），单位为 g；m_3 表示样品从去离子水中取出后的质量（浮重），单位为 g。

对于单相的晶体，样品的理论密度是指假设晶胞堆满全部样品原子，没有任何物理缺陷和空洞时的密度，可以通过式 2.2 计算：

$$\rho_0 = \frac{M}{NV} \qquad (2.2)$$

式中，ρ_0 表示样品的理论密度，单位为 g·cm^{-3}；M 表示晶胞内所有原子的总质量，单位为 g；N 表示阿伏伽德罗常数；V 表示晶胞的体积，单位为 nm^3。

样品的相对密度计算公式为：

$$C = \frac{\rho}{\rho_0} \times 100\% \qquad (2.3)$$

2.3.1.7　微观形貌分析

本实验使用日立公司生产的 S–3400N 扫描电子显微镜对高温焙烧后的催化剂粉体样品和高温烧结的片状样品进行了微观形貌分析。观察了样品的微观形貌、颗粒分布以及颗粒大小情况，并研究了片状样品的表面晶胞情况。扫描电子显微镜的工作电压为 20 kV，该类样品在室温下不具有导电性，因此，在样品测试前需要对表面进行喷金处理，以提高其导电性。

2.3.2　电化学性能分析

利用交流阻抗法测定样品的交流阻抗谱。首先对高温煅烧后的四个片状样品进行抛光处理，除去表面杂质。然后在样品片的两面分别涂上一层均匀的 Pt 浆，晾干后置于马弗炉中，在 900 ℃下，恒温 2 h，以除去 Pt 浆中的有机溶剂。最后降温后取出样品备用。将烧结的 $BaCe_{1-x}M_xO_{3-\delta}$ 片状样品与银丝连接，组装成 Pt｜$BaCe_{1-x}M_xO_{3-\delta}$｜Pt 原电池，并放入自制的刚玉夹具中。在高温管式炉中，测试仪器使用相位阻抗分析仪 Solartron 1260，振幅 110 mV，响应频率为 0.5 ~ 1 MHz，测试气氛为空气气氛。测得数据后，利用 Zview 软件分析得到电阻值 R。具体实验装置如图 2.2 所示。

样品的直径 D 和厚度 L 分别用游标卡尺测出，根据公式 2.4 计算出在不同条件下的电导率：

$$\sigma = \frac{L}{RS} \tag{2.4}$$

式 2.4 中，σ 表示电导率，单位为 $S \cdot cm^{-1}$；L 表示样品厚度，单位为 cm；S 表示样品截面积，单位为 cm^2；R 表示电阻，单位为 Ω。

根据 Arrhenius 图的线性拟合，可求出电导活化能 E。据 Arrhenius 方程，通过电导率计算，将 $\ln(\sigma T)$ 与 $1\,000/T$ 作图得到 Arrhenius 曲线。

如式 2.5 所示：

$$\ln(\sigma T)=\ln A-\frac{E}{KT} \qquad (2.5)$$

式 2.5 中，σ 表示电导率，单位为 $S\cdot cm^{-1}$；K 表示 Bolzman 常数，8.617 $eV\cdot K^{-1}$；T 表示热力学温度，单位为 K；A 表示指前因子；E 表示活化能，单位为 eV。

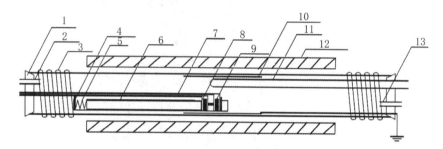

1.塞子；2.出气口；3.冷却水；4.垫片；5.弹簧；6.刚玉管；7.银丝；8.银浆；9.片状样品；
10.固定夹套；11.热电偶；12.发热体；13.吹扫气入口。

图 2.2　交流阻抗测试装置图

2.3.3　催化氧化 CO 活性测试

催化氧化 CO 活性测试装置图如图 2.3 所示。在常压固定床反应器中进行 CO 催化氧化活性测试。

该反应器系统由配气装置、固体床反应器及尾气处理系统三部分组成。固定床反应器内部构造如图 2.4 所示。固定床反应器为耐高温石英玻璃材质，石英管内靠近催化剂与石英棉混合物底端放置一耐高温多孔氧化铝薄板；固定床反应器置于高温管式炉中，进行控温测试。

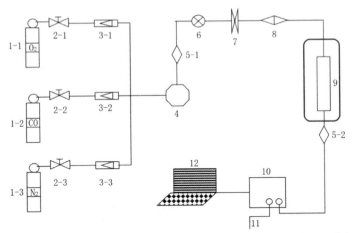

1. 气瓶；2. 安全阀；3. 流量计；4. 干燥器；5. 过滤器；6. 稳压阀；7. 质量流量计；8. 单向阀；
9. 固定床反应器；10. 气相色谱仪；11. 尾气收集管路；12. 数据采集系统。

图 2.3　自组装催化剂催化活性评价装置图

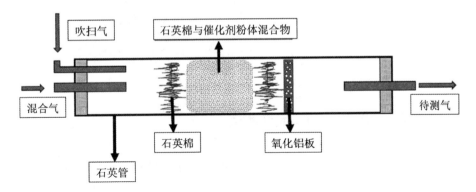

图 2.4　固定床反应器示意图

气相色谱仪中装有 Hayesep Q 和 C 分子筛色谱柱，柱箱温度设为 70 ℃，以 Ar 作为载气，气体进样温度设为 150 ℃，采用热导检测器。

称取 0.4 g 催化剂置于石英管中，连接好实验装置，用 N_2 检查实验装置气密性。确认密闭性良好后，使用高纯 N_2 吹扫 30 min，除去反应装置中的杂质气体，净化反应器。以 200 mL·min^{-1} 的流量进原料气，反应气体中 CO 的浓度为 1%，过量高纯 O_2，选择高纯 N_2 作为平衡气。反应温度设置为 90 ~ 550 ℃，催化剂在 300 ℃恒温活化 1 h 后，去除催化剂粉体吸附的水分，随后以 2 ℃·min⁻¹ 速率降到室温。以升温速率 2 ℃·min⁻¹ 从室温升至 90 ℃，开始进行催化性能测试，以 5 ℃·min⁻¹ 升温速率升温至 550 ℃，每隔 50 ℃采集一次数据，每个测试温度气相色谱仪进样前需稳定 60 min，随后取样进行定量分析。

CO 转化率如式 2.6 所示：

$$CO\ 转化率（\%）= \frac{S_{in} - S_{out}}{S_{in}} \times 100\% \qquad (2.6)$$

式 2.6 中，S_{in} 表示进料气中 CO 的体积分数；S_{out} 表示反应后混合气中 CO 的体积浓度。

CO_2 产率如式 2.7 所示：

$$CO_2\ 产率（\%）= \frac{S_{out}（CO_2）}{L（CO_2）} \times 100\% \qquad (2.7)$$

式 2.7 中，$S_{out}（CO_2）$ 表示反应后混合气体中 CO_2 的浓度，%；$L（CO_2）$ 表示理论上生成 CO_2 的浓度，%。

2.3.4　催化氧化 CH_4 活性测试

在常压固定床反应器中进行 CH_4 催化氧化活性测试。催化氧化 CH_4 装置图如图 2.3 所示。

石英管固定床反应器，直径为 10 mm，催化剂用量约为 0.4 g。以 300 mL·g⁻¹·h⁻¹ 的流量进原料气，进料气体的组成（体积分数）为 1% CH_4，99% 干燥空气。反应前，先在 400 ℃下通入高纯 N_2 吹扫，对催化剂进行预处理 1 h。随后以升温速率 5 ℃·min⁻¹ 升至 650 ℃，降温测试，降温速率为 2 ℃·min⁻¹，每隔 50 ℃采集一次数据，每个反应温度需停留 30 min 以达到反应的平衡状态。从反应器出来的尾气，经过一个干燥硅胶颗粒去除水分，避免水蒸气对气相色谱仪造成影响，在线分析尾气气体组成。

CH_4 转化率公式如 2.8 所示：

$$CH_4 \text{ 转化率（\%）} = \frac{S_{in} - S_{out}}{S_{in}} \times 100\% \qquad (2.8)$$

式 2.8 中，S_{in} 表示进气时 CH_4 的体积浓度；S_{out} 表示排气时 CH_4 的体积浓度。

2.3.5　催化氧化 NO 活性测试

通过自组装的催化反应设备进行 NO 催化氧化实验，催化氧化 NO 装置图如图 2.3 所示。将 0.4 g 催化剂粉体混合 2 g 石英棉填充到圆柱形石英管反应器中，使用高温管式炉进行系统控温，原料气为干燥空气与 1% NO 的混合气体，进料气流量为 300 mL·min^{-1}。在进行催化反应前，将催化剂在 300 ℃下使用高纯 N_2 吹扫 1 h 进行稳定活化。然后以升温速率 5 ℃·min^{-1} 将温度升到 500 ℃，等到测试温度稳定后，开始进行 NO 催化氧化测试。在混合气体吹扫 60 min 直到出口 NO 浓度不变，开始测试。以 2 ℃·min^{-1} 降温速率进行阶梯式测试，每间隔 50 ℃采集一个数据，测试到 150 ℃。混合气体具体成分通过安捷伦色谱仪进行准确测量。

NO 转化率如式 2.9 所示：

$$NO \text{ 转化率（\%）} = \frac{S_{in} - S_{out}}{S_{in}} \times 100\% \qquad (2.9)$$

式 2.9 中，S_{in} 表示反应器进口的 NO 体积分数；S_{out} 表示反应器出口的 NO 体积分数。

第3章 $BaCe_{1-x}Ag_xO_{3-\delta}$
催化剂的制备表征及性能研究

CO 是大气的主要污染物之一。重工业生产，如石化和汽车尾气等，都向大气中排放大量的 CO，引起了一系列环境污染问题，如温室效应等。银原子的 d 电子层完全充满，不容易丢失电子，因而银和反应物分子间的交互作用较弱。但是，当银颗粒达到纳米尺度时，就可以显示出良好的催化性能，尤其是 CO 催化氧化反应。纳米银具有强催化活性，同时也具有良好的热稳定性能，相对于其他贵金属来源，价格更具优势。银与含 Ce 的金属氧化物（如 CeO_2 等）可以在 Ag-Ce 界面形成氧空穴，在催化反应中，氧空穴是非常活泼的催化活性中心。氧空穴的存在可以提高晶格氧的流动性，从而使催化氧化 CO 活性得到较大提升。本书选择将银掺杂进 $BaCeO_3$ 氧化物中，这样可以形成 Ag-Ce 界面空穴，在保证铈酸钡基氧化物催化剂催化性能的前提下，降低催化剂的成本，提高其抗烧结性能和催化活性，并且在催化剂中银还可以还原再生[161-178]。贵金属催化剂和钙钛矿催化剂的结合可以更好地协同发挥作用。

3.1　BaCe$_{1-x}$Ag$_x$O$_{3-\delta}$ 催化剂的制备表征

3.1.1　热重 – 差热分析

样品 BaCeO$_3$ 前驱体粉体在空气气氛下从室温升至 1 200 ℃的 TG–DTA 曲线如图 3.1 所示。从图中可以看出，BaCeO$_3$ 质子导体催化剂在焙烧过程中失重分为五个阶段。第一阶段发生在室温至 200 ℃，此阶段失重约 0.2%，表现出吸热现象。该现象源于前驱体粉体中吸附的水分失去。第二阶段在 200 ~ 488 ℃，此阶段失重约 3%，表现出吸热现象。这主要是由于少量残存有机物的燃烧和少量硝酸铈受热分解。第三阶段在 488 ~ 616 ℃，此阶段失重约在 5%，表现出放热现象。该现象源于残存的氢氧化铈分解，并生成了氧化铈和气态水挥发，催化剂粉体失重较多。第四阶段在 616 ~ 734 ℃，此阶段失重约为 4%，表现为吸热现象。该现象源于溶胶凝胶法制备过程中形成的中间产物，金属螯合物的分解，前驱体的分解并向最终产物的转化主要发生在该阶段。第五阶段在 734 ~ 1 000 ℃，此阶段在 734 ℃处出现短暂放热现象。该现象源于催化剂粉体在制备过程中少量生成的氢氧化钡，其受热分解成氧化钡脱水，此阶段失重约 0.3%，质量变化不大。然而在该阶段持续出现吸热现象。该现象源于前驱体完全分解，复合氧化物生成钙钛矿相阶段，实现了由前驱体向最终产物的转变。

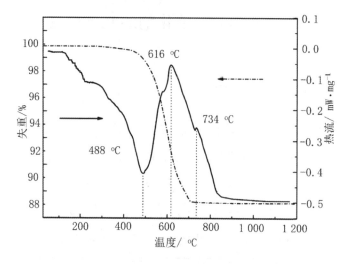

图 3.1　BaCeO₃ 的 TG-DTA 曲线

因此确定铈酸钡基质子导体催化剂粉体制备工艺，选择将制备 BaCe$_{1-x}$M$_x$O$_{3-\delta}$（M=Ag、Co、W、Sm）系列催化剂前驱体在 1 000 ℃下焙烧并且保温 6 h，BaCeO₃ 基质子导体催化剂粉体可以充分成相。

3.1.2　物相组成分析

本实验的 X 射线衍射测试采用 Rigaku Ultima Ⅳ 的 X 射线衍射仪，分别对 1 000 ℃焙烧后的粉体样品和高温煅烧后的片状样品进行 XRD 测试。具体测试条件为：空气气氛，室温，扫描模式选择连续扫描，扫描速度为 15°·min⁻¹，管电压 40 kV，管电流 40 mA，扫描范围 2θ 为 20° ～ 80°，步长为 0.02°。采用 MDI Jade 5.0 处理数据。

图 3.2 所示为 BaCeO₃ 粉体的前驱体和经过 1 000 ℃焙烧 6 h 后的 XRD 谱图。从 BaCeO₃ 粉体前驱体的 XRD 谱图中，可以发现很多杂峰。对其进行分析后，发现这些衍射峰属于 BaO（PDF 卡片号 30-0142）、CeO₂（PDF 卡片号 44-1001）、BaCO₃（PDF 卡片号 45-1471）、Ba（OH）₂（PDF 卡片号 44-0585）、Ba（NO₃）₂（PDF 卡片号 35-0855）和 BaCeO₃（PDF 卡

片号 35-1318）等。前驱体粉体是由金属氧化物、金属碳酸盐、金属氢氧化物，少量已成相的 $BaCeO_3$ 以及一些中间体的混合物组成的。而前驱体会有碳酸盐如 $BaCO_3$，是由于经过凝胶自燃过程后，络合剂柠檬酸和 EDTA 燃烧产生的 CO_2 与钡离子发生反应。前驱体经过 1 000 ℃ 高温焙烧后，上述的杂相峰全部消失，只剩下立方结构 $BaCeO_3$（PDF 卡片号 35-1318）的特征峰。这些标志性衍射峰的 2θ 角为 28.70°、41.00°、50.86°、59.44°、67.24° 和 74.85°，分别对应于简单立方结构的铈酸钡的（110）、（200）、（221）、（220）、（310）和（222）晶面。说明 $BaCeO_3$ 前驱体粉体经过 1 000 ℃ 高温焙烧已经形成了纯的钙钛矿相。

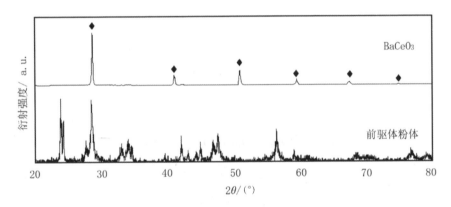

图 3.2　$BaCeO_3$ 粉体的 XRD 谱图

$BaCe_{1-x}Ag_xO_{3-\delta}$ 催化剂粉体样品的 XRD 结果如图 3.3 所示。由 XRD 谱图可以看出，经过 1 000 ℃ 焙烧后，$BaCe_{1-x}Ag_xO_{3-\delta}$ 催化剂粉体呈现单一的 $BaCeO_3$ 相，无杂相峰出现。说明经过高温焙烧后，银元素已经掺杂进了晶格中，并占据了部分 Ce 的位置，成功合成了 $BaCe_{1-x}Ag_xO_{3-\delta}$ 粉体。当把 XRD 谱图局部放大后可以看到，随着银掺杂量的增加，样品 XRD 谱图中衍射峰的位置略微向左偏移，衍射峰的强度有所升高。这说明，2θ 值增加的同时，随着银掺杂量的增加，样品的晶胞参数略微变大。晶面间距变大，进一步说明了半径相对较大的 Ag^+ 成功进入钙钛矿晶格，部分取代了半径相对较小的 Ce^{4+}。随着银掺杂量的增加，主衍射峰的相对强度增大，峰的宽度逐渐变小，表明银的掺杂会导致催化剂粉体晶粒变大。

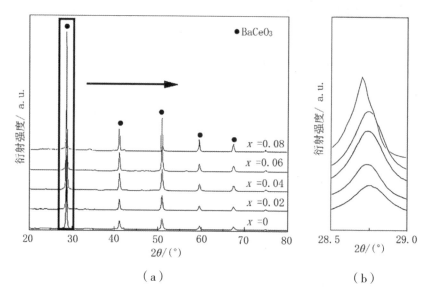

（a）　　　　　　　　　　　　　　（b）

图 3.3　1 000 ℃焙烧的 $BaCe_{1-x}Ag_xO_{3-\delta}$ 粉体的 XRD 谱图

为了进一步说明 $BaCe_{1-x}Ag_xO_{3-\delta}$ 催化剂样品的晶胞信息，对 XRD 谱图进行精修处理，得到相关晶胞参数、晶胞体积和容限因子，如表 3.1 所示。

表 3.1　$BaCe_{1-x}Ag_xO_{3-\delta}$ 的晶胞信息

掺杂量 x	a/ nm	b/ nm	c/ nm	V/ nm³	t
0	0.877 9	0.621 4	0.623 6	0.340 2	0.856 8
0.02	0.878 3	0.621 5	0.624 0	0.340 6	0.854 6
0.04	0.879 0	0.621 9	0.624 3	0.341 2	0.852 6
0.06	0.879 5	0.622 4	0.628 9	0.344 3	0.850 5
0.08	0.880 2	0.622 8	0.629 4	0.345 0	0.848 4

由于 Ag^+ 的离子半径大于 Ce^{4+} 的离子半径，随着银掺杂量的增加，催化剂样品的容限因子逐渐降低，晶胞参数中的 a、b 和 c 三个参数也随之变大，晶胞体积变化范围为 0.340 2 ~ 0.345 0 nm³。这间接证明了离子半

径较大的 Ag$^+$ 进入了 BaCeO$_3$ 晶格中。从表 3.1 中可以看出，随着银掺杂量的升高，容限因子逐渐变小。同时，在随着 B 位元素掺杂量升高的情况下，B—O 键扭转角也变大，从而增加了 BO$_6$ 八面体的扭曲和晶粒结构的畸变。

经过高温烧结后，BaCe$_{1-x}$Ag$_x$O$_{3-\delta}$ 片状样品的 XRD 结果如图 3.4 所示。

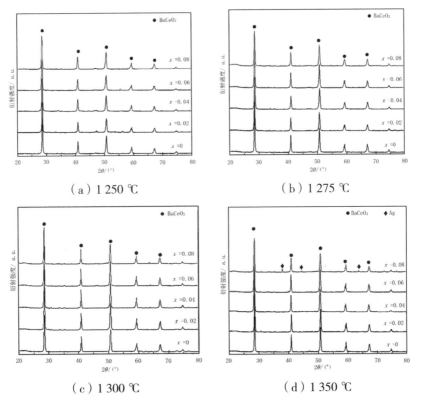

图 3.4 高温煅烧后 BaCe$_{1-x}$Ag$_x$O$_{3-\delta}$ 的 XRD 图

由图可知，BaCe$_{1-x}$Ag$_x$O$_{3-\delta}$ 催化剂经过 1 300 ℃烧结后，未出现杂相生成，只有经过 1 350 ℃烧结后，银掺杂量为 0.08 的样品产生了少量的杂质相，即银单质的峰，但仍然保持着主相 BaCeO$_3$ 相的特征峰。在高温烧结过程中，当烧结温度过高时，银离子容易从晶格中逃离，生成银单质。

3.1.3 FT–IR 分析

BaCe$_{1-x}$Ag$_x$O$_{3-\delta}$ 催化剂的原位红外光谱分析结果如图 3.5 所示。从图中可以看出，BaCe$_{1-x}$Ag$_x$O$_3$ 的红外吸收峰主要有以下七个范围：3 800 ~ 2 700 cm^{-1}、2 500 ~ 2 450 cm^{-1}、1 750 ~ 1 700 cm^{-1}、1 700 ~ 1 100 cm^{-1}、1 300 ~ 1 000 cm^{-1}、1 000 ~ 700 cm^{-1} 和 700 ~ 650 cm^{-1}。在波数为 3 800 ~ 2 700 cm^{-1} 范围内，出现较宽的红外吸收峰，该吸收峰归属于钙钛矿催化剂表面的吸附水的—OH 伸缩振动峰。

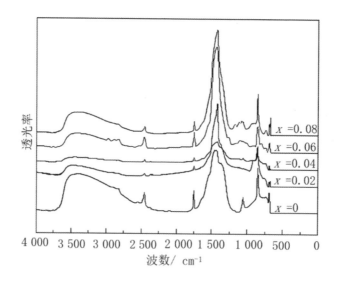

图 3.5　BaCe$_{1-x}$Ag$_x$O$_{3-\delta}$ 样品的 FT–IR 谱图

由于 BaCe$_{1-x}$Ag$_x$O$_{3-\delta}$ 系列催化剂具有典型的斜方晶系钙钛矿结构，其基本构架为 BO$_6$ 八面体结构。这种八面体结构会导致出现六种伸缩振动模式。当其中三对 B—O 键键距对称且相等时，就不会出现 υ_3 伸缩振动峰。如果对称性发生改变时，就会出现 υ_3 伸缩振动峰[179]。因此，其他六个范围产生的振动峰均属于斜方钙钛矿晶系特有的振动吸收峰。这些结果进一步表明，溶胶凝胶法制备出钙钛矿型 BaCe$_{1-x}$Ag$_x$O$_{3-\delta}$ 系列催化剂，与 XRD 结果相互印证。此外，在 1 300 ～ 1 000 cm^{-1} 范围内，催化剂在 1 048 cm^{-1} 出现了 υ_3 伸缩振动峰。随着银的掺杂量的增加，该位置产生的吸收谱带变宽。这是因为银的掺杂导致 Ce—O 键键长及 BO$_6$ 对称性发生改变，进一步证明银成功进入了钙钛矿 BaCeO$_3$ 晶格 B 位中。

3.1.4　粒度分析

BaCe$_{1-x}$Ag$_x$O$_{3-\delta}$ 钙钛矿催化剂的粒度测试结果如图 3.6 所示。

从图中可以看出，五种催化剂样品的粒度分布范围主要集中在 200 ～ 375 nm 之间，样品的平均粒度主要分布在 251 ～ 289 nm 之间。

从图中可以看出，经 1 000 ℃ 焙烧后的粉体分布呈现单峰接近正态分布，说明制备的催化剂粉体粒径具有良好的均匀性。

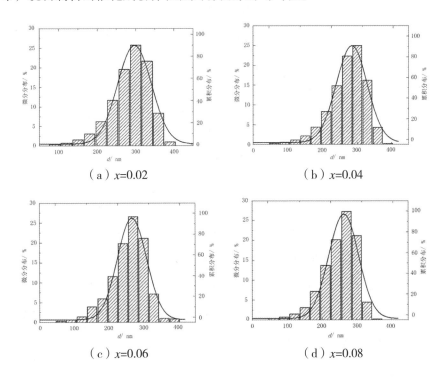

（a）x=0.02　　　　　　　　　（b）x=0.04

（c）x=0.06　　　　　　　　　（d）x=0.08

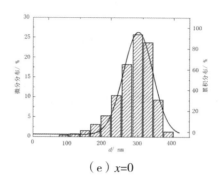

（e）x=0

图 3.6 BaCe$_{1-x}$Ag$_x$O$_{3-\delta}$ 的粒径分布图

掺杂后样品的小粒径颗粒分布范围变大，导致样品的平均粒度变小。随着银掺杂量的增加，样品的平均粒度逐渐减小，这表明银的掺杂有利于减小样品的粒径。当掺杂量 x=0.08 时，催化剂样品的平均粒径达到最小值，为 251 nm。由于掺杂量较少，各催化剂样品之间的粒径分布范围大致相似，所得到的样品平均粒径变化也相对较小。通过分析，得到的样品的粒度分布范围和平均粒径如表 3.2 所示。

表 3.2 BaCe$_{1-x}$Ag$_x$O$_{3-\delta}$ 的粒径分布

掺杂量 x	粒度分布 / nm	平均粒度 / nm
0	275~375	289
0.02	250~350	285
0.04	250~300	272
0.06	250~350	256
0.08	200~300	251

通过溶胶凝胶法制备的催化剂粉体粒径平均值处于纳米级，纳米级粉体的比表面积大，表面自由能也相对较高，所以易烧结。相对于粉体粒径尺寸较大的情况，在等静压成型时，颗粒排列松散，不利于传质和传热。经过高温烧结时，片状样品体相中粉体间距较大，无法进行良好的晶粒生长，形成孔隙，导致其致密性差，电导率较低。

3.1.5　比表面积分析

钙钛矿型催化剂的气体催化氧化反应是由催化剂在高温环境下，电子、质子和氧空穴引起的氧化还原反应。催化剂表面不存在固定的活性中心。因此，比表面积是反应基质吸附量的重要因素。在晶格缺陷等其他因素相同时，表面积大则吸附量大，有利于催化反应在催化剂表面上进行，从而催化剂表现出更高的催化活性。因此，表征比表面积对于评估催化剂催化活性具有重要作用。

$BaCe_{1-x}Ag_xO_{3-\delta}$ 催化剂的比表面积数据如表 3.3 所示。

表 3.3　$BaCe_{1-x}Ag_xO_{3-\delta}$ 的比表面积

掺杂量 x	0	0.02	0.04	0.06	0.08
$S/\ m^2 \cdot g^{-1}$	6.35	6.72	6.80	6.94	7.03

从表中可以看出，银掺杂后的 $BaCeO_3$ 样品的比表面积均大于未掺杂的 $BaCeO_3$ 样品，说明银掺杂有利于提高样品的比表面积。随着银掺杂量的增加，催化剂样品比表面积逐渐增大，银掺杂量 $x=0.08$ 时样品的比表面积最大，为 7.03 $m^2 \cdot g^{-1}$。这是由于银的掺杂增加了催化剂体相内的氧空穴数量，氧空穴的增加会降低催化剂的晶粒直径，从而增加了样品的比表面积。较高的比表面积使得催化剂在气体催化氧化反应中可以获得更大量的吸附 / 脱附过程，从而更有利于进行催化氧化过程。

3.1.6　微观形貌分析

本实验采用扫描电子显微镜对 $BaCeO_3$ 的前驱体粉体、高温焙烧的 $BaCe_{1-x}Ag_xO_{3-\delta}$ 催化剂粉体和高温烧结的 $BaCe_{1-x}Ag_xO_{3-\delta}$ 催化剂片状样品进行了微观形貌分析。

$BaCeO_3$ 前驱体粉体和经过 1 000 ℃高温成相粉体的 SEM 图像如图 3.7 所示。从图中可以看出，经过凝胶自燃过程后，$BaCeO_3$ 前驱体粉体形成了一种疏松的海绵状孔道结构。这种疏松的多孔结构可以很容易被研磨。前驱体在高温煅烧前，需要通过行星式球磨机球磨 1 h，使前驱体完全粉末化。前驱体粉体经过 1 000 ℃煅烧 6 h 后，海绵状多孔结构消失，形成了颗粒较为独立的粉体。该粉体粒径约为 180 nm，颗粒堆积松散，呈现一定的孔道结构，但粉体有一定的团聚现象。

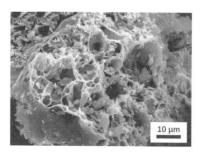

（a）前驱体粉体　　　　　　　（b）1 000 ℃焙烧的粉体

图 3.7　$BaCeO_3$ 粉体的 SEM 图片

$BaCe_{1-x}Ag_xO_{3-\delta}$ 粉体的 SEM 照片如图 3.8 所示。

（a）x=0.02　　　　　　　　　（b）x=0.04

（c）x=0.06　　　　　　　　　（d）x=0.08

图 3.8　$BaCe_{1-x}Ag_xO_{3-\delta}$ 粉体的 SEM 图片

从图中可以看出，银掺杂后的样品呈现类似于球形结构的形态。随着银掺杂量的增加，粉体粒径变化范围不大。催化剂粉体粒子呈现无规则分散，并发生了团聚烧结现象，这是因为样品粒径较小，分子间作用力引起了粉体的团聚。图像表明，所有的催化剂粉体颗粒无规律堆积形成了一定的孔道结构。当银掺杂量为 0.08 时，催化剂粉体粒径最小，粉体颗粒呈现一定的片状团聚分布，从而增加了催化剂的孔道分布，提高了样品的比表面积，而在一定程度上影响了样品的催化活性。

高温烧结片状 BaCeO₃ 的 SEM 图如图 3.9 所示。未掺杂银的样品，在经过 1 350 ℃烧结时，晶粒变大，晶粒排列不够紧密，存在很多气孔，尚未完全烧结致密。当烧结温度升至 1 600 ℃时，样品的晶粒进一步长大，晶粒大小在 2～5 μm 之间，晶粒排列紧密，无孔道存在，说明样品已经达到了烧结致密状态。

（a）1 350 ℃　　　　　　　　（b）1 600 ℃

图 3.9　高温烧结后片状 BaCeO₃ 的 SEM 图

烧结温度为 1 350 ℃的 BaCe₁₋ₓAgₓO₃₋δ 片状样品的 SEM 照片如图 3.10 所示。由于制备的粉体颗粒尺寸较小，静压成型后颗粒间的接触面积增大，有利于传热和传质，颗粒不易松散，使烧结后的固相反应效果较好。由图可知，在高温下烧结后，银掺杂的铈酸钡基质子导体具有良好的致密性，晶粒尺寸处于 2～5 μm 之间，晶粒形貌清晰可见。当银掺杂量达到0.08时，几何晶粒周围出现了少量的熔融现象。

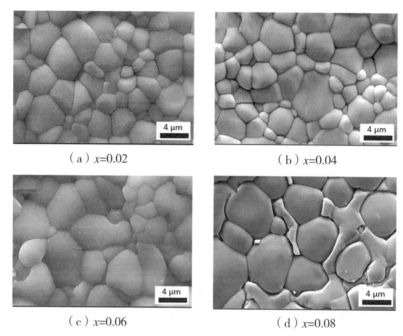

（a）$x=0.02$　　　　　　　　　　（b）$x=0.04$

（c）$x=0.06$　　　　　　　　　　（d）$x=0.08$

图 3.10　1 350 ℃烧结后片状 $BaCe_{1-x}Ag_xO_{3-\delta}$ 的 SEM 图

3.1.7　致密度分析

采用阿基米德排水法测量催化剂样品的实际密度。通过电子分析天平精确称量样品的干重（m_1）、湿重（m_2）和浮重（m_3），以计算烧结温度为 1 350 ℃的 $BaCe_{1-x}Ag_xO_{3-\delta}$ 催化剂片状样品的实际密度（ρ），具体数据如表 3.4 所示。

表 3.4　$BaCe_{1-x}Ag_xO_{3-\delta}$ 的实际密度数据

掺杂量 x	m_1/ g	m_2/ g	m_3/ g	ρ / g·cm^{-3}
0（1 350 ℃）	0.468 1	0.480 9	0.382 0	4.734
0（1 600 ℃）	0.491 1	0.502 8	0.416 2	5.672
0.02	0.476 8	0.494 8	0.409 4	5.588
0.04	0.495 6	0.514 2	0.425 4	5.579
0.06	0.461 4	0.480 6	0.397 2	5.535
0.08	0.489 5	0.502 2	0.412 9	5.478

以银掺杂量为 0.02 为例，所需晶胞体积 V 的数据详见 XRD 数据表 3.1，V 为 0.340 6 nm^3。一个晶胞内含有 4 个 BaCe$_{0.98}$Ag$_{0.02}$O$_3$ 分子。据此可求出该晶胞内的总质量，为 1 299.02 个相对原子质量。从而得到理论密度数据（ρ_0）。实际密度与理论密度的比值即为相对密度（C）。具体数据如表 3.5 所示。

表 3.5　BaCe$_{1-x}$Ag$_x$O$_{3-\delta}$ 的密度

掺杂量 x	ρ / g · cm^{-3}	ρ_0/ g · cm^{-3}	C/ %
0（1 350 ℃）	4.734	6.054	78.2
0（1 600 ℃）	5.672	6.054	93.7
0.02	5.588	6.035	92.6
0.04	5.579	6.012	92.8
0.06	5.535	5.496	93.1
0.08	5.478	5.804	94.4

一般情况下，用于固体电解质的钙钛矿样品要求其相对密度达到 90% 以上。从表中可以看出，所有样品的相对密度均在 92% 以上。相对密度随着银掺杂量的增加而升高，相比未掺杂样品在 1 350 ℃高温煅烧后，致密度仅为 78.2%。需经过 1 600 ℃的烧结才能使相对密度达到 93.7%。由此可见银掺杂有助于提高催化剂的烧结性能。

3.2　BaCe$_{1-x}$Ag$_x$O$_{3-\delta}$ 催化剂的性能研究

3.2.1　电化学性能研究

不同烧结温度 BaCe$_{1-x}$Ag$_x$O$_{3-\delta}$ 样品的电导率随测试温度变化如图 3.11 所示。

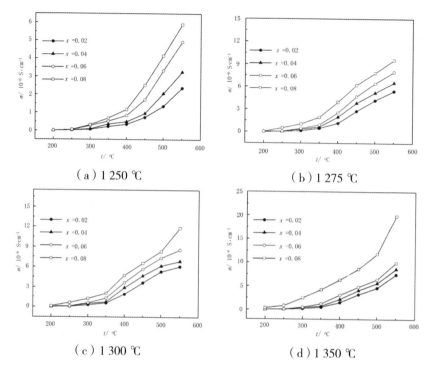

（a）1 250 ℃　　　　　　　　　　（b）1 275 ℃

（c）1 300 ℃　　　　　　　　　　（d）1 350 ℃

图 3.11　不同烧结温度下 $BaCe_{1-x}Ag_xO_{3-\delta}$ 电导率随温度的变化曲线

在温度范围为 200 ～ 550 ℃内，$BaCe_{1-x}Ag_xO_{3-\delta}$ 催化剂材料的电导率随着温度升高而增加，在 550 ℃时达到最大值。催化材料的电导率随着银掺杂量的升高而增大，在银掺杂量为 0.08 时达到最大值。催化剂材料的电导率受到烧结温度的影响，随着烧结温度的升高而增加，在煅烧温度为 1 350 ℃时达到最大值。

当烧结温度为 1 350 ℃时，随测试温度升高，掺杂量为 $x=0.08$ 的样品的电导率增长幅度最大。当测试温度为 550 ℃时，$BaCe_{0.92}Ag_{0.08}O_{3-\delta}$ 电导率最高，为 $1.98 \times 10^{-5} S \cdot cm^{-1}$。如图 3.12 ～ 3.14。从图 3.12 中可以得知，在空气气氛下，在 200 ～ 550 ℃范围内，1 600 ℃下烧结的 $BaCeO_3$ 催化剂样品的电导率随着测试温度的升高而增加，变化范围为 1.68×10^{-9} ～ $1.24 \times 10^{-6} S \cdot cm^{-1}$。

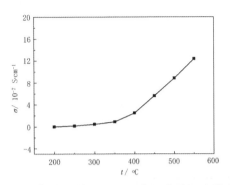

图 3.12　1 600 ℃烧结的 BaCeO$_3$ 电导率随温度的变化曲线

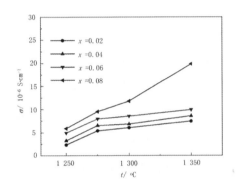

图 3.13　1 350 ℃下 BaCe$_{1-x}$Ag$_x$O$_{3-\delta}$ 电导率与烧结温度的关系

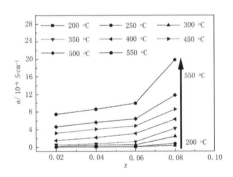

图 3.14　1 350 ℃下制备的 BaCe$_{1-x}$Ag$_x$O$_{3-\delta}$ 电导率与掺杂量的关系

从高温烧结样品的 SEM 图可知，在经过高温烧结后，样品均烧结致密。随着银掺杂比例的升高，晶粒尺寸越大，电导率越高。银掺杂的铈酸钡基催化剂的电导率随着烧结温度的升高而升高，并且 1 275 ℃烧结样品的电导率与 1 300 ℃烧结的电导率数值接近。在 1 350 ℃烧结的样品中，银掺杂量为 0.08 的样品的电导率随测试温度的增长幅度明显大于其他样品。结合烧结样品的 XRD 分析可知，在 1 350 ℃烧结下，银掺杂 0.08 样品出现了少量的单质银的杂相峰，说明在 1 350 ℃时有少量的银从晶格中出来，形成了银单质。银的存在大大提升了样品的电导率。催化剂样品高温烧结后出现杂相峰。一般情况下，多相混合导致晶粒之间导电粒子传导不连续，会导致电导率下降。但是银作为一种导电贵金属，提升了催化剂材料体相中晶粒之间的电子传导能力，降低了晶粒间的晶界电阻，提升了催化剂样品的整体的导电性能。

不同烧结温度下 $BaCe_{1-x}Ag_xO_{3-\delta}$ 片状样品的 Arrhenius 图如图 3.15 所示，具体数值见表 3.6。经过高温烧结，银掺杂后样品的激活能全部小于未掺杂的 $BaCeO_3$。电导率的变化规律与激活能的变化规律成反比例关系，电导率越大的样品，其对应的激活能越小。当 Ag^+ 取代 Ce^{4+} 占据晶格 B 位时，由于离子间的化合价不同，导致晶格扭曲，产生氧空位，如式 3.1 所示：

$$4Ce_{Ce}^X + 2O_O^X + 2Ag_2O \longleftrightarrow 4Ce'_{Ag} + V_O^{\cdot\cdot} + 2Ce_2O_3 \qquad (3.1)$$

V_O 为氧空位，氧空穴数量的增加会更有利于质子导体的传导。

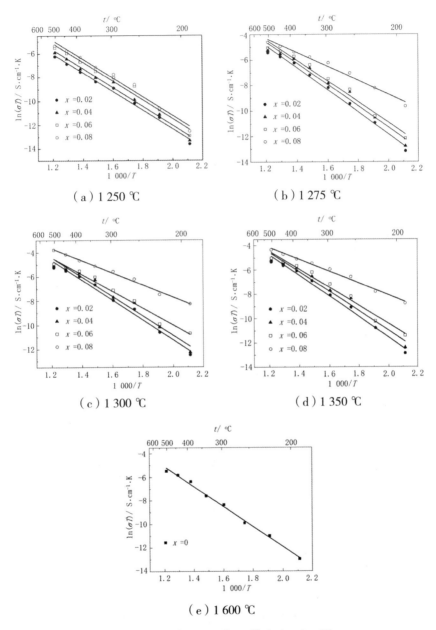

图 3.15　BaCe$_{1-x}$Ag$_x$O$_{3-\delta}$ 的 Arrhenius 图

在含有 O$_2$ 气氛中，如下反应发生：

$$V_O^{\cdot\cdot} + \frac{1}{2}O_2 \rightarrow O_O^x + 2h^{\cdot} \qquad (3.2)$$

上式中，O_O^x 为晶格氧，h 为电子空穴。空气中含有 21% 的 O_2。低温下，氧离子导电占主导，而高温下，电子空穴导电占主导。在测试温度范围内，随着测试温度的升高，导致催化剂材料体相内整体载流子活性增强，电导率升高，激活能降低。烧结温度升高，样品的激活能逐渐降低。在 1 300 ℃下烧结的样品激活能最小，当掺杂量为 0.08 时，其电导率最大，电导激活能为 0.715 eV。

表 3.6　不同烧结温度下 $BaCe_{1-x}Ag_xO_{3-\delta}$ 的活化能

掺杂量 x	E（1 250 ℃）/eV	E（1 275 ℃）/eV	E（1 300 ℃）/eV	E（1 350 ℃）/eV	E（1 600 ℃）/eV
0	—	—	—	—	1.012
0.02	0.98	0.959	0.887	0.945	—
0.04	0.959	0.941	0.867	0.925	—
0.06	0.942	0.924	0.84	0.881	—
0.08	0.936	0.906	0.715	0.805	—

3.2.2　催化氧化 CO 活性研究

机动车尾气排放中，由于发动机预热不充分造成大量燃料燃烧不充分，此时机动车启动阶段尾气中 CO 含量最大。因此，选取 100 ~ 550 ℃作为测试温度区间，研究 $BaCe_{1-x}Ag_xO_{3-\delta}$ 钙钛矿型催化剂在该工作温度下的催化氧化 CO 活性。$BaCe_{1-x}Ag_xO_{3-\delta}$ 催化剂样品的催化氧化 CO 活性评价结果（CO 转化率）如图 3.16 和表 3.7 所示。

$BaCe_{1-x}Ag_xO_{3-\delta}$ 催化剂的催化氧化 CO 反应速率随着测试温度的升高而逐渐增加，350 ℃及以上时 CO 转化率接近 100%，银掺杂后的样品催化氧化 CO 的活性均高于未掺杂的样品。银掺杂量的增加会使催化氧化 CO 的活性逐渐增大。在 150 ~ 250 ℃之间，银掺杂后样品 CO 转化率的增长速度远远大于未掺杂样品，并且增长速度最快。随着银掺杂量的增加，CO

转化率达到 50% 所需要的温度逐渐降低，此时未掺杂样品的 t_{50} 为 206 ℃，比掺杂后样品的 t_{50} 高出 30 ℃。在 250 ℃时，银掺杂后样品 CO 转化率均大于 90%，最高可达 96.4%，而 BaCeO$_3$ 的转化率为 81.5%。当 CO 转化率为 75% 时，银掺杂后样品的 t_{75} 在 190 ~ 195 ℃之间，并且随着银掺杂量的增加，CO 转化率达到 75% 所需的温度逐渐降低，而未掺杂样品的 CO 转化率达到 75% 所需的温度约为 240 ℃。

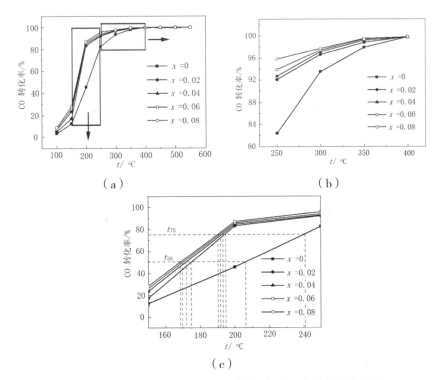

图 3.16 BaCe$_{1-x}$Ag$_x$O$_{3-\delta}$ 的 CO 转化率随温度的变化曲线图

表 3.7 BaCe$_{1-x}$Ag$_x$O$_{3-\delta}$ 催化氧化 CO 性能参数

掺杂量 x	t_{50}/ ℃	t_{75}/ ℃
0	206	240
0.02	175	195
0.04	172	192
0.06	170	191
0.08	168	190

在 300 ~ 450 ℃时，此温度阶段掺杂样品和未掺杂样品的 CO 转化率变化趋势一致，差距较小。样品 CO 转化率在 300 ℃以后便逐渐趋于 100%，掺杂银的样品的 CO 转化率在 300 ℃便都达到了 100%，而未掺杂银的样品则在 350 ℃时趋近于 100%。

在低温反应阶段，银的掺杂显著提升了催化剂的低温敏感度，有利于在低温工作环境下进行催化反应，使得达到一定 CO 转化率和 CO_2 产率所需的反应时间较大程度地减少，这进一步降低了机动车启动时尾气中 CO 的含量。进料气为混合 CO 的干燥空气。在低温阶段，催化剂体相中的载流子主要为氧离子。掺杂银取代了 Ce，晶格扭曲，体相中的氧空穴数量增加，增强了传导氧离子的能力，从而显著提升了 $BaCeO_3$ 的催化氧化 CO 活性，降低了催化剂的催化反应温度。

$BaCe_{1-x}Ag_xO_{3-\delta}$ 钙钛矿型催化剂样品的 CO 氧化活性评价结果（CO_2 产率）如图 3.17 所示。CO_2 产率评价指标 T_{50} 和 T_{75}（T_x 为 CO_2 产率为 $x\%$ 时所对应的温度）如表 3.8 所示。

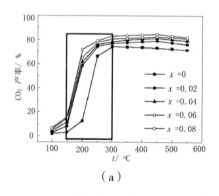

（a）

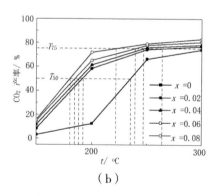

（b）

图 3.17　$BaCe_{1-x}Ag_xO_{3-\delta}$ 的 CO_2 产率随温度的变化曲线图

表 3.8　BaCe$_{1-x}$Ag$_x$O$_{3-\delta}$ 催化活性性能参数（CO$_2$ 产率）

掺杂量 x	T_{50}/ ℃	T_{75}/ ℃
0	235	—
0.02	192	252
0.04	190	248
0.06	183	239
0.08	179	222

　　温度范围为 100 ～ 550 ℃之间，CO$_2$ 产率随着温度的升高而逐渐增加。在温度超过 300 ℃后，CO$_2$ 产率增长曲线趋于平缓。在 100 ～ 150 ℃时，银掺杂后样品的 CO$_2$ 产率均大于未掺杂的样品。在 150 ～ 200 ℃之间，银掺杂后样品 CO$_2$ 的产率提升迅速。在 200 ℃工作温度下，银掺杂量为 0.08 的催化剂的 CO$_2$ 产率最高，可达 71.9%。而此时未掺杂的催化剂样品的 CO$_2$ 产率仅有 12.5%。在 300 ～ 450 ℃之间，银掺杂样品的 CO$_2$ 产率增长趋于平缓。在 450 ℃下，银掺杂量为 $x=0.08$ 样品的 CO$_2$ 产率最大，可达 84.7%。银掺杂的 BaCeO$_3$ 基催化剂材料的 CO$_2$ 产率在 80% 左右，这是由于在含有 CO$_2$ 气氛的工作环境下，BaCeO$_3$ 基催化剂会生成碳酸盐，从而造成催化剂产率无法达到 100%。当温度超过 300 ℃时，CO$_2$ 产率没有明显变化。BaCe$_{1-x}$Ag$_x$O$_{3-\delta}$ 催化剂在催化氧化 CO 的反应中，连续参与催化反应 270 min，其 CO$_2$ 产率始终高于未掺杂银催化剂。这表明银的掺杂有助于提高催化剂样品的稳定性。

　　与比表面积测试结果相结合可知，样品的比表面积与催化剂的催化活性成正相关。在整个测试温度范围内，随着银掺杂量的增加，催化剂的催化活性逐渐增大。当 $x=0.08$ 时，样品比表面积最大，对应其催化氧化 CO 活性最佳。然而，随着银掺杂量的提高，BaCe$_{1-x}$Ag$_x$O$_{3-\delta}$ 催化剂的催化氧化 CO 活性的提高幅度明显超过其比表面积的升高幅度。催化剂比表面积的升高幅度主要是因为银掺杂后催化剂体相中生成了大量氧空位。在催化反应中，催化剂与反应气的接触面积和催化剂体相中的氧空穴协同影响催化反应进行。但是对催化剂活性的影响中，增加催化剂体相中氧空位数量从而提升催化剂发生氧化反应的作用，要远远大于催化剂比表面积的增加。$BaCeO_3$ 钙钛矿上的 Ce^{4+} 被 Ag^+ 部分取代，低价位离子取代高价位离子。Ag^+ 进入钙钛矿晶格会产生两种结果。一种结果是小部分 Ag^+ 会向高价转变，以维持物质的电中性。另一种结果就是产生了晶格畸变。这两种结果最终都产生了氧空位，提高了晶格氧的流动性，从而提高了催化剂的催化活性。

ABO_3 钙钛矿型催化剂的活性主要由 B 位离子决定，而 B 位离子可以被其他离子取代从而产生晶格缺陷，引起晶格畸变。这种变化会对催化剂的催化性能产生较大的影响，晶胞结构的改变在一定程度上可以提高催化活性。当银以 Ag^+ 离子形式存在于钙钛矿晶格中，会产生大量的吸附氧，表明催化剂粉体体相中存在大量的氧空位。氧空位的存在可以促进催化剂表面氧的吸附和活化，从而提高催化剂的氧化还原性能。

3.3　小结

本章分析了制备出的 $BaCe_{1-x}Ag_xO_{3-\delta}$ 钙钛矿型催化剂的物化性能、电化学性能和催化性能，得到以下结果：

（1）通过热分析结果确定了 $BaCe_{1-x}Ag_xO_{3-\delta}$ 催化剂粉体的焙烧温度为 1 000 ℃。XRD 结果表明，溶胶凝胶法制备出了单一斜方钙钛矿结构。随着银掺杂量的增加，衍射峰的位置略微向右偏移，晶面间距缩小，主衍射峰的强度减小，峰的宽度逐渐变大。Ag^+ 取代了 $BaCeO_3$ 晶格中半径较小的 Ce^{4+}。高温煅烧后的片状样品 XRD 结果表明，该催化剂样品具有较好的高温稳定性，未发生相转变现象。在烧结温度为 1 350 ℃时，银掺杂量超过 0.08 的样品体相中有单质银生成。

（2）原位红外光谱分析结果表明，在 1 048 cm^{-1} 处出现了 υ_3 伸缩振动峰，随着银的掺杂量的增加，该位置产生的吸收谱带变宽。这说明 Ce—O 键键长和 BO$_6$ 的对称性发生了改变，进一步证明银成功进入 BaCeO$_3$ 的晶格 B 位中。

（3）通过溶胶凝胶法制备的 BaCe$_{1-x}$Ag$_x$O$_{3-\delta}$ 催化剂粒度主要分布范围为 200 ~ 350 nm，平均粒度主要分布在 251 ~ 286 nm，比表面积主要分布在 6.35 ~ 7.03 m$^2 \cdot$ g^{-1}。掺杂后样品的平均粒度和比表面积均大于未掺杂的 BaCeO$_3$。随着掺杂量的增加，样品平均粒度逐渐减小，比表面积逐渐增大。当掺杂量 x=0.08 时，样品的平均粒度达到最小值，为 251 nm。当烧结温度为 1 350 ℃时，银掺杂的催化剂相对密度范围为 92.6% ~ 94.4%。

（4）BaCe$_{1-x}$Ag$_x$O$_{3-\delta}$ 样品的电导率随着测试温度升高而逐渐增大，银掺杂后样品的电导率大于未掺杂的 BaCeO$_3$ 样品。银的掺杂增加了 BaCeO$_3$ 基材料体相内的活化粒子数量，增强了其导电性能。BaCe$_{1-x}$Ag$_x$O$_{3-\delta}$ 电导率随烧结温度升高而增大，在经过 1 350 ℃烧结后达到最大值。银单质的生成直接影响 BaCe$_{1-x}$Ag$_x$O$_{3-\delta}$ 的电化学性能。BaCe$_{0.92}$Ag$_{0.08}$O$_{3-\delta}$ 的电导率最大为 2.77×10^{-5} S $\cdot$ cm^{-1}。激活能与电导率成反比。

（5）催化氧化 CO 测试结果表明，随着银掺杂量的增加，BaCe$_{1-x}$Ag$_x$O$_{3-\delta}$ 的 CO 的催化氧化活性也在逐渐增大。催化剂的催化性能与电导率的性能正相关。当掺杂量 x=0.08 时，样品催化氧化 CO 活性最大，CO 转化率的性能参数 t_{50} 和 t_{75} 分别比 BaCeO$_3$ 低了 38 ℃和 51 ℃。在 300 ℃时，CO 转化率趋近于 100%。CO$_2$ 产率的性能参数 T_{50} 比 BaCeO$_3$ 低了 55 ℃，并且最大 CO$_2$ 产率为 84.7%。

第4章　$BaCe_{1-x}M_xO_{3-\delta}$（M=Co、W）催化剂的制备表征及性能研究

甲烷催化燃烧技术是一项简单易行的控制尾气中甲烷排放的技术。该技术的核心目的是合成高效、稳定的催化剂。$BaCeO_3$ 氧化物本身存在的 Ce 有利于在晶体表面形成氧空位并提高氧空位的活性。它是一种广泛应用的质子导体，并因此具有良好的气体催化活性。然而，其热稳定性较差。其晶体结构会随着温度而发生变化，起燃温度高，从而造成催化剂的催化活性下降。研究发现，Co 具有 +2 或 +3 两种价态，并具有强氧化性，Co 元素的掺杂可以使得钙钛矿催化剂的质子传导速率增加，使得催化剂的工作温域变宽，起燃温度降低，提高其高温下的催化活性。通过掺杂 Co 元素进行钙钛矿氧化物的 B 位改性，使两个不同的 B 位元素的优点得以协同发挥，在降低催化剂成本的同时提高催化活性。W 元素掺杂的钙钛矿广泛应用于光催化等反应中，可以使得钙钛矿催化剂的质子传导速率增加，起燃温度降低，提高其高温下的催化活性。但应用于质子导体催化剂的研究尚未见报道。本研究通过掺杂 Co 元素和 W 元素，对 $BaCeO_3$ 质子导体催化剂的 B 位进行改性，使不同 B 位元素的优点得以协同发挥。

4.1　BaCe$_{1-x}$Co$_x$O$_{3-\delta}$ 催化剂的制备表征

4.1.1　物相组成分析

为了分析 BaCe$_{1-x}$Co$_x$O$_{3-\delta}$（x=0、0.05、0.10、0.15、0.20）催化剂粉体样品和高温烧结后片状样品的物相组成，我们使用 XRD 对合成的样品进行分析。BaCe$_{1-x}$Co$_x$O$_{3-\delta}$ 样品的 X 射线衍射谱图见图 4.1。从图中可以看出，当掺杂比例较低时，催化剂的组成是富 Ce 型催化剂。样品的 XRD 衍射谱图与 BaCeO$_3$ 的标准衍射谱图（PDF 卡片号 35–1318）相吻合，说明经过 1 000 ℃的煅烧后，催化剂样品属于纯相钙钛矿结构。衍射峰型比较尖锐，说明产物结晶度很好。此外，随着 Co 掺杂比例的增加，最强峰的强度降低，峰宽增加，说明催化剂经过掺杂后，粉体的晶粒半径呈逐渐减小的趋势。

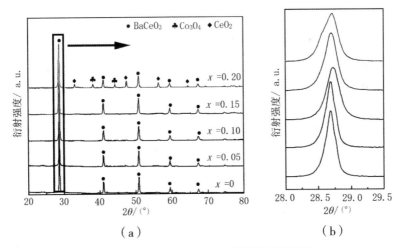

图 4.1　BaCe$_{1-x}$Co$_x$O$_{3-\delta}$ 粉体的 XRD 图

当引入比例达到 0.20 时，催化剂产物的主相仍然是钙钛矿相的 BaCeO$_3$，但样品中出现了第二相 Co$_3$O$_4$。这可能是由于在样品合成过程中，Co 元素的掺杂量过多，导致只有部分 Co 元素能够掺杂进入 BaCeO$_3$ 的晶格内部，剩余的 Co 元素以 +3 价的形态生成产物 Co_3O_4。通过局部放大图可以看到，随着 Co 掺杂量的增加，XRD 谱图中衍射峰的位置向右略微偏移，表明 2θ 值增加，同时 d 值下降。因此，随着 Co 掺杂量的增加，样本的晶胞参数稍有缩小，晶面间距也变小，说明 Co^{3+} 成功进入钙钛矿晶格中，部分取代了半径相对较大的 Ce^{4+}。

当 Co 的掺杂比例增大到 0.20 时，产物的 XRD 衍射谱图显示 CeO_2 相和 Co_3O_4 相出现。这说明当 Co 的掺杂比例为 0.20 时，部分 Co 无法完全取代 Ce 进入晶格中，样品以 $BaCeO_3$ 相基体为主，仍保持整体的钙钛矿结构。随着 Co 掺杂比例从 0.05 到 0.20 的升高，物相由立方相转变为斜方相。在钙钛矿型复合氧化物中，只有当容限因子 t 满足 $0.75 \leqslant t \leqslant 1$ 时，A、B 位元素才能形成钙钛矿结构。由于 Co^{3+} 的离子半径为 0.061 nm，小于 Ce^{4+} 的离子半径为 0.087 nm，因此掺杂后会导致 B 位元素的离子半径变小，从而引起晶体结构中容限因子的变化，产生晶格畸变。表 4.1 中的数据显示，随着 Co 掺杂量从 0.05 升高至 0.20，催化剂粉体的晶胞参数和晶胞体积均逐渐减小，这与理论推测相一致。

表 4.1　$BaCe_{1-x}Co_xO_{3-\delta}$ 的晶胞参数和晶胞体积

掺杂量 x	a/ nm	b/ nm	c/ nm	V/ nm^3	t
0	0.877 9	0.621 4	0.623 6	0.340 2	0.856 6
0.05	0.862 0	0.616 2	0.616 2	0.327 3	0.811 8
0.10	0.865 8	0.615 8	0.615 8	0.328 3	0.820 3
0.15	0.865 5	0.615 5	0.613 6	0.326 9	0.828 8
0.20	0.859 6	0.612 5	0.609 9	0.321 1	0.837 6

4.1.2　微观形貌分析

$BaCe_{1-x}Co_xO_{3-\delta}$ 钙钛矿型催化剂粉体的扫描电子显微镜照片如图 4.2 所示。

（a）x=0.05　　　　　　　　　　　（b）x=0.10

（c）x=0.15　　　　　　　　　　　（d）x=0.20

图 4.2　BaCe$_{1-x}$Co$_x$O$_{3-\delta}$ 粉体的 SEM 图片

从图 4.2 中可以看出，Co 掺杂后的样品呈现无规则几何状结构，粉体颗粒结构较为均匀，颗粒堆叠疏松，粒径主要分布范围为 200 ~ 500 nm。随着 Co 掺杂量的升高，催化剂粉体的粒径逐渐变小。SEM 图片还可以看出，所有催化剂均呈现无规则松散堆叠，存在粉体的团聚现象。当掺杂量为 0.20 时，Co 掺杂的催化剂粉体样品的团聚情况较为严重，其体相中含有杂相 Co$_3$O$_4$，Co$_3$O$_4$ 的存在有助于催化剂粉体的烧结反应，会使得催化剂粉体晶粒长大，部分粉体呈现规则的几何形状。

4.1.3 粒度分析

$BaCe_{1-x}Co_xO_{3-\delta}$ 钙钛矿型催化剂的粒度测试结果如图 4.3 所示，粒径分布如表 4.2 所示。

从图中可以看出，催化剂样品的粒度分布范围符合正态分布，样品的平均粒度主要分布在 150 ~ 250 nm 之间。掺杂后样品的小粒径颗粒的分布范围有所扩大，导致样品的平均粒度缩小。

表 4.2 $BaCe_{1-x}Co_xO_{3-\delta}$ 的粒径分布

掺杂量 x	粒度分布 / nm	平均粒度 / nm
0.05	150 ~ 250	218.4
0.10	150 ~ 250	206.2
0.15	150 ~ 250	176.5
0.20	150 ~ 250	192.4

$BaCe_{0.85}Co_{0.15}O_{3-\delta}$ 样品的平均粒度达到最小值，仅为 176.5 nm。此时催化剂样品的粒径分布最为均匀，符合正态分布。随着 Co 掺杂量的增大，样品的平均粒度逐渐减小，说明 Co 掺杂有利于减小样品的粒度。Co 取代 Ce 位置，会导致晶格扭曲，增加催化剂体相中的氧空穴，氧空穴的增加会导致催化剂粉体粒径的降低，从而导致平均粒度随掺杂量的增加而变小。然而，当 Co 的掺杂量从 0.15 增大至 0.20 时，催化剂的平均粒径出现增大，从 176.5 nm 变为 192.4 nm。结合 XRD 数据可知，当掺杂量为 0.15 和 0.20 时，体相间出现了 Co_3O_4 相，一定量的 Co_3O_4 有烧结剂的作用，促进了催化剂粉体的烧结性能，从而导致了粉体粒径的变大。

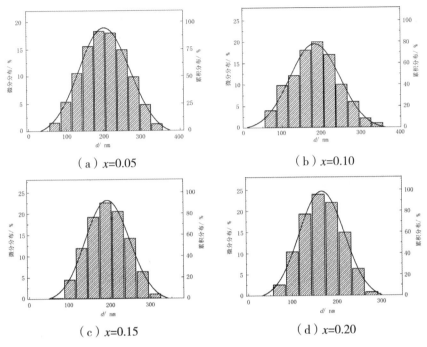

（a）x=0.05　　　　　　　　（b）x=0.10

（c）x=0.15　　　　　　　　（d）x=0.20

图 4.3　BaCe$_{1-x}$Co$_x$O$_{3-\delta}$ 的粒径分布图

4.1.4　比表面积分析

在 CH$_4$ 催化反应中，催化剂粉体的比表面积增大，反应气与催化剂粉体的接触面积随之增大，在单位体积的催化剂中吸附更多的 CH$_4$ 和 O$_2$，从而提高催化剂的 CH$_4$ 催化活性。

BaCe$_{1-x}$Co$_x$O$_{3-\delta}$ 催化剂的比表面积测试结果如表 4.3 所示。

表 4.3　BaCe$_{1-x}$Co$_x$O$_{3-\delta}$ 的比表面积

掺杂量 x	0	0.05	0.10	0.15	0.20
$S/\mathrm{m}^2 \cdot \mathrm{g}^{-1}$	5.417	7.116	7.245	7.514	6.556

从表中可以看出，随着 Co 掺杂比例的增加，催化剂样品的比表面积呈现先增大后减小的趋势。当 Co 元素的掺杂比例为 0.15 时，样品的比表面积达到最大值，为 7.514 m^2 · g^{-1}。这表明 Co 掺杂有利于提高样

品的比表面积，但存在临界值，即 Co 的掺杂取代比例超过 0.15 之后，便会对样品比表面积的提高起到负面的作用。从 XRD 数据可以看出，当掺杂量达到 0.20 时，催化剂粉体中含有一定量的 Co_3O_4。Co_3O_4 充当烧结剂，增加了 $BaCe_{1-x}Co_xO_{3-\delta}$ 催化剂的烧结性能。但同时，也造成催化剂粉体的粒径变大，从而导致比表面积降低。比表面积数据结果与催化剂粒度数据和扫描电镜的结果相对应。

4.1.5　致密度分析

烧结温度为 1 350 ℃的 $BaCe_{1-x}Co_xO_{3-\delta}$ 催化剂片状样品的实际密度数据如表 4.4 所示。

表 4.4　$BaCe_{1-x}Co_xO_{3-\delta}$ 的实际密度数据

掺杂量 x	m_1/ g	m_2/ g	m_3/ g	ρ / g·cm^{-3}
0.05	0.502 2	0.518 7	0.430 6	5.698
0.10	0.490 1	0.504 2	0.417 3	5.655
0.15	0.482 7	0.506 0	0.416 5	5.610
0.20	0.452 3	0.470 7	0.390 2	5.619

计算所需的晶胞体积 V 的数据详见 XRD 数据表 4.1，以 Co 掺杂量为 0.2 为例，一个晶胞内含有 4 个 $BaCe_{0.8}Co_{0.2}O_3$ 分子，因此该晶胞内的总质量为 1 236.67 个相对原子质量，进而可求出其理论密度数据。实际密度与理论密度的比值即为相对密度，该数据如表 4.5 所示。

表 4.5　$BaCe_{1-x}Co_xO_{3-\delta}$ 的相对密度

掺杂量 x	ρ / g·cm^{-3}	ρ_0 / g·cm^{-3}	C/%
0.05	5.698	6.214	91.7
0.10	5.655	6.117	92.3
0.15	5.610	6.064	92.5
0.20	5.619	6.093	92.2

从表中可以看出，所有样品的相对密度都在 91% 以上，说明经过高温煅烧 Co 掺杂的 $BaCeO_3$ 催化剂样品具有良好的烧结性能，且相对密度随着

Co 掺杂量的增加而增大。与未掺杂 Co 的催化剂样品对比，Co 的掺杂大大降低了铈酸钡基催化剂材料的烧结温度。

4.2　BaCe$_{1-x}$W$_x$O$_{3-\delta}$ 催化剂的制备表征

4.2.1　物相组成分析

BaCe$_{1-x}$W$_x$O$_3$（x=0、0.10、0.20、0.30）样品的 X 射线衍射谱图见图 4.4。根据图中的参数可以发现，催化剂的组成是富 Ce 型催化剂，样品的 XRD 衍射谱图与 BaCeO$_3$ 的标准衍射谱图（JCPDS No.75–0431）一致，这说明经过 1 000 ℃的煅烧后，催化剂样品属于立方相钙钛矿结构，衍射峰型比较尖锐，说明产物结晶度很好[180]。此外，还可以观察到在富 Ce 型催化剂中，产物的 XRD 衍射谱图随着掺杂比例的增加，最强峰的强度升高，峰宽减小，说明催化剂产物的半径呈减小的趋势。

由图 4.4 可以看出，当掺杂比例达到 0.30 时的催化剂产物的主相已经不是钙钛矿相，而是形成了 BaWO$_4$ 四方相的锆石型物质（JCPDS No.85–0588）。分析原因可能是由于 B 位掺杂元素的比例过大，无法完全进入 BaCO$_3$ 基体的晶格内部，且破坏了原本的钙钛矿结构，从而使得物质主相变为 BaWO$_4$。当 W 元素的取代比例达到 0.30 时，物质基体内出现了骨料 CeO$_2$。分析原因可能是由于当 W 元素比例过高，使得合成之后的物质主相形成 BaCeO$_3$ 的前提下，溶胶凝胶中仍存在少量的 BaWO$_4$，由于溶脱出钙钛矿相结构，便与 H$_2$O 或 CO$_2$ 发生反应，此时在溶胶中形成了骨料 CeO$_2$（JCPDS No.65–2975）。该反应的方程式如下：

$$BaCeO_3+CO_2 = BaCO_3+CeO_2 \tag{4.1}$$

$$BaCeO_3+H_2O = Ba(OH)_2+CeO_2 \tag{4.2}$$

从 $BaCe_{1-x}W_xO_{3-\delta}$ 钙钛矿型催化剂样品的 XRD 衍射谱图的局部放大图可知，随着 W 元素掺杂量的增加，XRD 衍射谱图中的衍射峰的位置发生了向右的偏移。这说明在基体物质为钙钛矿物质的前提下，2θ 值增加，同时 d 值下降。因此样品的晶胞参数随着 W 掺杂量的增加而略微变小，晶面间距变小。这表明半径相对较小的 W^{4+} 成功进入钙钛矿晶格，部分取代了半径相对较大的 Ce^{4+}。

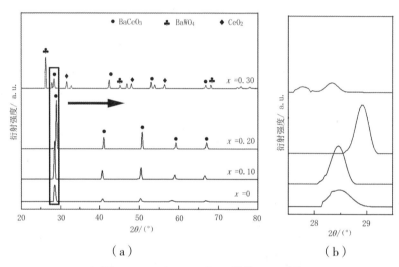

（a）　　　　　　　　　（b）

图 4.4　$BaCe_{1-x}W_xO_{3-\delta}$ 粉体 XRD 图

根据布拉格方程和 Miller 指数（hkl），可以求出系列钙钛矿型催化剂样品的晶胞参数和晶胞体积，如表 4.6 所示。

表 4.6　$BaCe_{1-x}W_xO_{3-\delta}$ 的晶胞参数、晶胞体积和容限因子

掺杂量 x	a/ nm	b/ nm	c/ nm	V/ nm³	t
0	0.877 9	0.621 4	0.623 6	0.340 2	0.815 8
0.10	0.876 8	0.616 8	0.616 8	0.333 6	0.828 3
0.20	0.875 3	0.615 3	0.615 3	0.331 4	0.841 2

在钙钛矿型复合氧化物中，A、B 位元素只有当容限因子 t 满足 $0.75 \leqslant t \leqslant 1$ 时，才能形成钙钛矿结构。W^{4+} 的离子半径为 0.066 nm，小于 Ce^{4+} 的离子半径为 0.087 nm，掺杂后会导致 B 位元素的离子半径变小，从而

引起晶体结构中容限因子的变化，产生晶格畸变。从表中可以看出，掺杂后晶胞参数发生了微小变化，并且随着 W 的掺杂量由 0.10 升高至 0.20 时，晶胞参数和晶胞体积逐渐减小。由此可见实验结果与理论推测是一致的。

4.2.2　微观形貌分析

BaCe$_{1-x}$W$_x$O$_{3-\delta}$ 钙钛矿型催化剂粉体扫描电子显微镜照片如图 4.5 所示。

从图中可以看出，W 掺杂后的样品类似于块状结构，颗粒结构较为分散。随着 W 掺杂量的增加，粒子粒度略微变小。当 W 的掺杂比例为 0.10时，样品的粒径最小，分散度最好，从而提高了样品的比表面积。由图还可以看出，所有催化剂都为块状结构，且孔道分布较多。随着 W 取代比例由 0.10 增加到 0.30，样品的孔道结构分布范围变宽。但当 W 元素取代比例增大至 0.20 和 0.30 时，样品的颗粒出现大面积团聚，孔道的宽度减小。当 W 元素的取代比例为 0.20 时，样品的孔道结构几乎消失。图中清晰地显示，BaCe$_{1-x}$W$_x$O$_{3-\delta}$ 粉体呈不规则圆球状，疏松堆叠，大小分布不规则，孔道结构明显，且分布范围广，但存在部分团聚现象。

（a）x=0.10　　　　　　　　　　　（b）x=0.20

（c）x=0.30

图 4.5 BaCe$_{1-x}$W$_x$O$_{3-\delta}$ 粉体的 SEM 图片

4.2.3 粒度分析

从图 4.6 中可以看出，催化剂样品的粒度分布范围符合正态分布。样品的平均粒度主要分布在 200 ~ 400 nm 之间。掺杂后，样品的小粒径的颗粒分布范围有所增大，从而导致样品的平均粒度有所降低。当掺杂量 x=0.20 时，样品的平均粒度达到最小值，为 276.7 nm。此时催化剂样品的粒径分布也最为均匀，最符合正态分布。通过分析可得出样品的粒度分布范围和平均粒度分别列于表 4.7。

表 4.7　BaCe$_{1-x}$W$_x$O$_{3-\delta}$ 的粒径分布

掺杂量 x	粒度分布 / nm	平均粒度 / nm
0.10	200 ~ 400	306.7
0.20	200 ~ 400	276.7
0.30	200 ~ 400	282.3

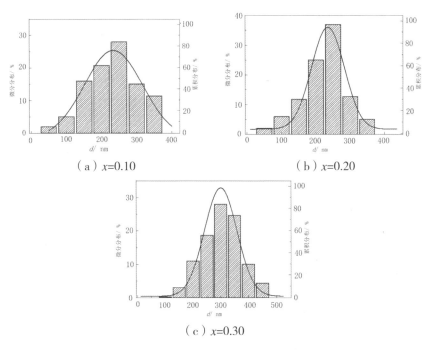

（a）x=0.10 （b）x=0.20

（c）x=0.30

图 4.6　BaCe$_{1-x}$W$_x$O$_{3-\delta}$ 的粒径分布图

随着 W 掺杂量从 0 增大至 0.20，样品的平均粒度呈现出减小的趋势，说明 W 的掺杂有利于减小样品的粒度。但是当 W 的掺杂量从 0.20 增加至 0.30 时，催化剂的平均粒径出现了增大的现象，从 276.7 nm 增大至 282.3 nm，由 XRD 数据可知，BaCeO$_3$ 为立方晶相，而 BaWO$_4$ 为四方晶相。W 掺杂到 BaCeO$_3$ 晶格中，取代了 Ce 的位置，从而发生晶格扭曲，增加了氧空穴，造成催化剂粉体粒径的降低。当掺杂量达到 0.20 时，W 取代 Ce 的位置数量增加，达到临界值，从而发生少量 W 溢出，并与 Ba 反应生成 BaWO$_4$。生成的氧空位数量大于掺杂量为 0.10 时的生成量，因此催化剂粉体粒径继续降低。当 W 掺杂量继续提升时，W 与 Ba 发生反应，生成大量四方晶相的 BaWO$_4$，会促进催化剂粉体的烧结性能，这将导致粉体粒径变大。

4.2.4　比表面积分析

$BaCe_{1-x}W_xO_{3-\delta}$ 催化剂的比表面积测试结果如表 4.8 所示。

表 4.8　$BaCe_{1-x}W_xO_{3-\delta}$ 的比表面积

掺杂量 x	0	0.10	0.20	0.30
$S/m^2 \cdot g^{-1}$	5.417	7.558	8.315	6.511

从表中可以看出，随着 W 掺杂比例的增大，催化剂样品的比表面积呈现先增大后减小的趋势。当 W 元素的掺杂比例为 0.20 时，样品的比表面积达到最大，为 $8.315\ m^2 \cdot g^{-1}$。W 掺杂有利于提升样品的比表面积，但是存在临界值。即 W 的掺杂取代比例超过 0.20 之后，就会对样品比表面积的变大起到负面作用。通过电镜表征结果可以发现，所有催化剂样品为块状海绵的结构，孔道分布较多，样品的孔道结构随着 W 掺杂量的增加而逐渐减少，且样品团聚现象加重。BET（Brunauer Emmett Teller，三人发明的测量粉末比表面的方法）的检测结果与扫描电镜的结果一致。

在 CH_4 催化反应中，催化剂样品比表面积增大。在相同的反应时间里，相互反应的分子或原子之间接触面积增大，单位体积的催化剂能吸附更多的 CH_4 参与催化反应，吸附更多的 O_2 补充反应消耗的晶格氧。这在一定程度上可以提高催化剂的 CH_4 催化活性。

4.2.5　致密度分析

1 350 ℃下烧结的 $BaCe_{1-x}W_xO_{3-\delta}$ 催化剂片状样品的实际密度数据如表 4.9 所示。计算所需的晶胞体积 V 的数据详见 XRD 数据表 4.6。以 W 掺杂量为 0.30 为例，一个晶胞内含有 4 个 $BaCe_{0.7}W_{0.3}O_3$ 分子，因此，该晶胞内的总质量为 1 354.04 个相对原子质量。进而求出其理论密度数据。实际密度 / 理论密度的比值，即为相对密度。相关数据如表 4.10 所示。

表 4.9　BaCe$_{1-x}$W$_x$O$_{3-\delta}$ 的实际密度实验数据

掺杂量 x	m_1/ g	m_2/ g	m_3/ g	ρ / g · cm^{-3}
0.10	0.498 0	0.511 4	0.423 0	5.637
0.20	0.487 5	0.507 7	0.421 8	5.677
0.30	0.442 2	0.458 7	0.384 3	5.719

表 4.10　BaCe$_{1-x}$W$_x$O$_{3-\delta}$ 的密度数据

掺杂量 x	ρ/ g · cm^{-3}	ρ_0/ g · cm^{-3}	C/%
0.10	5.637	6.117	92.1
0.20	5.677	6.142	92.4
0.30	5.719	6.210	92.7

从表中可以看出，所有的样品的相对密度都在 92% 以上，说明经过高温煅烧 W 掺杂的 BaCeO$_3$ 催化剂样品具有良好的烧结性能，相对密度随着 W 掺杂量的增加而升高。

4.3　BaCe$_{1-x}$M$_x$O$_{3-\delta}$（M=Co、W）催化剂的性能研究

4.3.1　电化学性能研究

4.3.1.1　BaCe$_{1-x}$Co$_x$O$_{3-\delta}$ 的电化学性能研究

BaCe$_{1-x}$Co$_x$O$_{3-\delta}$ 样品的电导率随温度的变化曲线分别如图4.7 ~ 4.8所示。

从图中可以看出，在 200 ~ 650 ℃的温度范围内，经过 1 250 ℃高温烧结的样品的电导率随着温度的升高呈逐渐增大的趋势。Co 掺杂样品的电导率在 x=0.15 时达到最大值。这是因为低价位 Co^{3+} 的掺杂取代了高价位的 Ce^{4+} 使晶体产生了晶格畸变，从而引起晶格缺陷，产生大量氧空位。氧空位的增加促进晶格氧的流动，提高样品的电导率。此外，掺杂与 Ce^{4+} 离子半径相近的小半径离子有利于提高 BaCeO$_3$ 基材料的电导率。

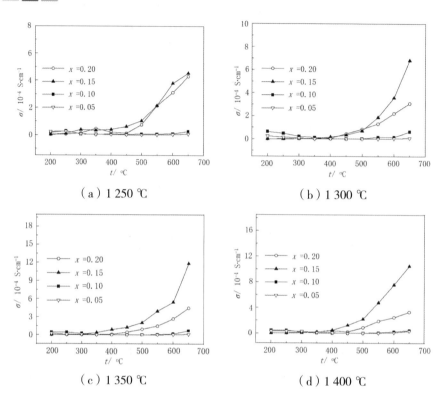

（a）1 250 ℃　　　　　　　　（b）1 300 ℃

（c）1 350 ℃　　　　　　　　（d）1 400 ℃

图 4.7　不同烧结温度下 $BaCe_{1-x}Co_xO_{3-\delta}$ 电导率随温度的变化曲线

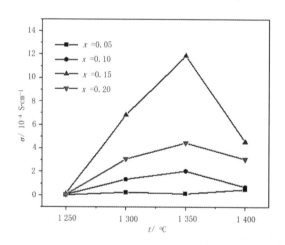

图 4.8　650 ℃下 $BaCe_{1-x}Co_xO_{3-\delta}$ 电导率与烧结温度的关系

BaCe$_{1-x}$Co$_x$O$_{3-\delta}$ 样品的 Arrhenius 曲线如图 4.9 所示，具体激活能数据见表 4.11。

由图可知，不同样品的 Arrhenius 曲线呈线性关系，并且随着 Co 掺杂量的增加，斜率逐渐增大，样品的激活也会受到 Co 掺杂量影响而增加。当掺杂比例达到 0.15 时，拟合直线的斜率最小，说明此时样品的激活能最小。

表 4.11　不同烧结温度下 BaCe$_{1-x}$Co$_x$O$_{3-\delta}$ 的激活能

掺杂量 x	E（1 250 ℃）/eV	E（1 300 ℃）/eV	E（1 350 ℃）/eV	E（1 400 ℃）/eV
0.05	0.61	0.47	0.48	0.53
0.10	0.68	0.53	0.43	0.56
0.15	0.74	0.55	0.40	0.50
0.20	0.78	0.59	0.52	0.53

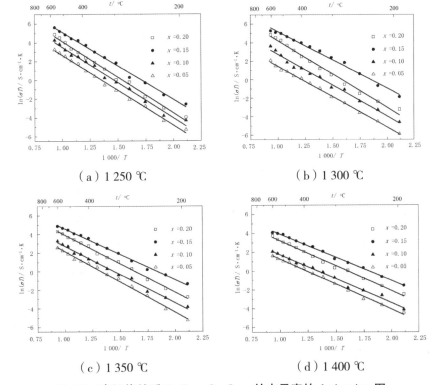

（a）1 250 ℃　　　　　　（b）1 300 ℃

（c）1 350 ℃　　　　　　（d）1 400 ℃

图 4.9　高温烧结后 BaCe$_{1-x}$Co$_x$O$_{3-\delta}$ 的电导率的 Arrhenius 图

Co^{2+} 取代 Ce^{4+} 占据晶格 B 位时，由于离子间的化合价不同导致由于晶格扭曲，产生氧空位，如式 4.3 所示：

$$4Ce_{Ce}^{X} +2O_{O}^{X} +2Co_2O_3 \longleftrightarrow 4Ce_{Co}' +V_{O}^{\cdot\cdot} +2Ce_2O_3 \quad （4.3）$$

在含有 O_2 气氛中发生如下反应：

$$V_{O}^{\cdot\cdot} +\frac{1}{2}O_2 \rightarrow O_{O}^{X}+2h \quad （4.4）$$

上式中，O_{O}^{X} 为晶格氧，h 为电子空穴。在空气气氛中，含有 21% 的 O_2，低温下氧离子导电占主导，而在高温时，电子空穴导电占主导。

当 Co 掺杂量为 0.15 时，催化剂粉体的粒径最小，在高温烧结过程中，粉体接触紧密，烧结致密，Co 的掺杂量的提升导致氧空穴的增加，在空气气氛中，O_2 分解成氧离子，通过氧空穴在体相内传递，氧空穴的数量直接影响催化剂样品的导电性能。但是，当 Co 掺杂量为 0.2 时，部分 Co 无法取代 Ce 进入晶格，生成 Co_3O_4，两相混合阻碍载流子在晶胞之间的传递，从而影响催化剂样品的导电性能。

4.3.1.2　$BaCe_{1-x}W_xO_{3-\delta}$ 样品的电化学性能研究

不同测试温度下，$BaCe_{1-x}W_xO_{3-\delta}$ 样品电导率随温度变化的曲线如图 4.10 所示。

由于 W 掺杂量为 0.3 时样品呈现复合相，因此只选取掺杂量为 0.1 和 0.2 的样品进行电化学性能研究。随着煅烧温度升高，当掺杂量为 0.3 时，样品经过高温煅烧后呈现出较差的机械性能，所以选取掺杂量为 0.1 和 0.2 的样品进行电化学性能测试。由图可以看出，温度在 200 ~ 650 ℃范围内，电导率随温度升高而增加。在 200 ~ 300 ℃时，样品几乎没有电导率；在 350 ~ 650 ℃时，电导率随温度增长速度较快，温度为 650 ℃时，样品电导率达到最大值。此外，当测试温度相同时，烧结温度对样品电导率也有显著影响。

由图 4.11 可知，当测试温度为 650 ℃时，样品的电导率最高。W 掺杂催化剂样品的电导率随烧结温度先升高后降低，当烧结温度为 1 225 ℃时，不同 W 掺杂量的催化剂样品均达到最大的电导率值。当烧结温度超过 1 225 ℃时，高温环境下，W 掺杂的 BaCeO$_3$ 催化剂会熔融，破坏催化剂样品体相中的晶体结构形成类玻璃体状，从而不利于载流子在体相中传导，导致电导率下降。

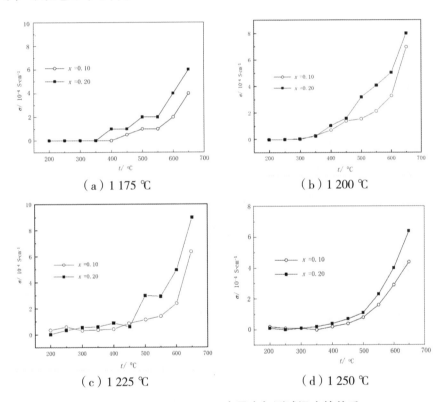

（a）1 175 ℃　　　　　　　（b）1 200 ℃

（c）1 225 ℃　　　　　　　（d）1 250 ℃

图 4.10　BaCe$_{1-x}$W$_x$O$_{3-\delta}$ 电导率与测试温度的关系

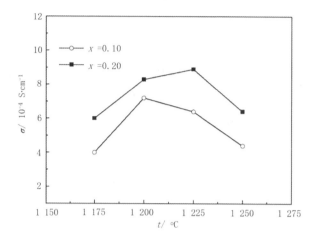

图 4.11 BaCe$_{1-x}$W$_x$O$_{3-\delta}$ 电导率与烧结温度的关系

由图 4.11 可见，随着烧结温度的升高，样品电导率呈现上升趋势，且当烧结温度为 1 225 ℃时，掺杂到 x=0.20 时电导率达到了最大值 8.98×10^{-3} S·cm^{-1}。

W^{3+} 取代 Ce^{4+} 占据晶格 B 位时，由于离子间的化合价不同，导致晶格扭曲，产生氧空位，如式 4.5 所示：

$$4Ce_{Ce}^{X} + 2O_O^X + 2W_2O_3 \longleftrightarrow 4Ce_W' + V_O^{\cdot\cdot} + 2Ce_2O_3 \qquad (4.5)$$

在空气气氛中，空气含有 21% 的 O$_2$。低温下氧离子导电占主导，而高温下电子空穴导电占主导。在测试温度范围内，随着测试温度的升高，催化剂材料体相内整体的载流子活性增强，电导率升高。当 W 过量掺杂时，出现杂相峰 BaWO$_4$，多相混合导致晶粒之间导电粒子传导不连续，会导致电导率下降。

电导率主要由质子电导率、氧离子电导率和电子电导率（自由电子和空穴）三者共同构成。在掺杂的样品中，离子导电与氧空位浓度密切相关。样品的导电方式和测试气氛、温度密切相关。在干燥空气气氛中，由于氧气的存在，主要以氧离子和电子导电为主。温度对导电的形式会产生影响。测试温度升高，氧离子的迁移就会受到抑制，但是同时由于质子的迁移受到温度的影响较小，所以高温下质子传导将占主要地位。因此，可判断当测试温度低于 550 ℃时，W 掺杂的催化剂样品主要以氧离子传导为主，超过 550 ℃时，电导率主要体现在电子传导。因此，当我们计算 W 掺杂的催化剂样品的激活能时，我们将 550 ℃作为分界，分开讨论两部分的激活能。

由图 4.12 可知，四个烧结温度下，W 掺杂的催化剂样品的 Arrhenius 曲线均呈线性关系。可以看出，在测试温度为 550 ℃前后，同一样品的 Arrhenius 曲线的斜率发生了改变，且高温条件下（$T \geqslant 350$ ℃）曲线的斜率更小。具体激活能数据见表 4.12。当 W 掺杂量为 0.2 时，1 225 ℃下烧结的催化剂样品具有最小的激活能，为 0.47 eV。

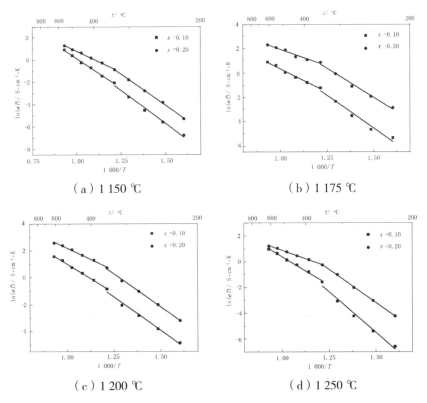

（a）1 150 ℃　　　　　　　　（b）1 175 ℃

（c）1 200 ℃　　　　　　　　（d）1 250 ℃

图 4.12　高温烧结后 BaCe$_{1-x}$W$_x$O$_{3-\delta}$ 的电导率的 Arrhenius 图

表 4.12 不同烧结温度下 $BaCe_{1-x}W_xO_{3-\delta}$ 的激活能

掺杂量 x	E （1 175 ℃）/eV	E （1 200 ℃）/eV	E （1 225 ℃）/eV	E （1 250 ℃）/eV
0.1（$T \geqslant 550$ ℃）	0.94	0.76	0.83	0.96
0.1（$T < 550$ ℃）	1.07	1.05	0.99	1.02
0.2（$T \geqslant 550$ ℃）	0.70	0.66	0.47	0.51
0.2（$T < 550$ ℃）	1.07	0.82	0.80	0.90

4.3.2 催化氧化 CH_4 活性研究

$BaCe_{1-x}Co_xO_{3-\delta}$ 钙钛矿型催化剂样品的 CH_4 氧化活性评价结果如图 4.13 所示。

图 4.13 显示，掺杂后样品的甲烷催化氧化效率均高于未掺杂的样品 $BaCeO_3$。在 200～650 ℃ 温度范围内，CH_4 转化率随着温度的升高而逐渐增加，并且在达到一定温度后，增长曲线趋于平缓。246～307 ℃ 温度范围内，在催化剂的作用下 CH_4 转化率超过 10%，并且在催化剂 $BaCe_{0.85}Co_{0.15}O_{3-\delta}$ 的作用下甲烷的转化率首先达到 10%。

在无任何催化剂时，甲烷的催化氧化在 200～650 ℃ 之间并没有显著的效率。说明 Co 掺杂后样品的 CH_4 催化氧化活性都高于无催化剂时的实验情况，并且在催化剂的作用下，甲烷的起燃温度低于无催化剂时甲烷的起燃温度 1 600 ℃。

Co 掺杂比例为 0.15 的催化剂催化活性最佳。当温度达到 200 ℃ 时，$BaCe_{0.85}Co_{0.15}O_{3-\delta}$ 已使甲烷起燃，极大地降低了甲烷的起燃温度。说明在低温反应阶段，Co 的引入有利于催化反应的进行，能较大地提高反应活性，使达到一定转化率的温度明显降低。当温度达到 400 ℃ 时，所有体系的催化剂的甲烷催化效率都超过了 50%，其中最高达到了 80.6%。

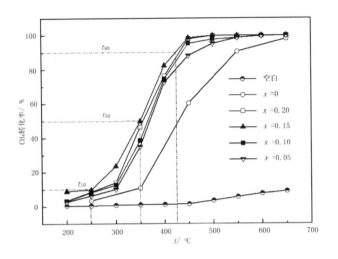

图 4.13　BaCe$_{1-x}$Co$_x$O$_{3-\delta}$ 的 CH$_4$ 转化率随温度的变化曲线图

当反应气中的甲烷被接近完全转化时，BaCe$_{1-x}$Co$_x$O$_{3-\delta}$（x=0、0.05、0.10、0.15、0.20）催化剂所需的温度分别为 545 ℃、430 ℃、424 ℃、436 ℃和 463 ℃。当反应温度继续升高时，检测到的甲烷量极少。上述温度即为 5 种催化剂对应的 t_{90}（t_x 为 CH$_4$ 转化率为 x% 时所对应的温度）。BaCe$_{0.85}$Co$_{0.15}$O$_{3-\delta}$ 催化剂在甲烷催化氧化中表现出了最高的催化活性，各催化剂的活性按照如下顺序递减：BaCe$_{0.85}$Co$_{0.15}$O$_{3-\delta}$，BaCe$_{0.8}$Co$_{0.2}$O$_{3-\delta}$，BaCe$_{0.9}$Co$_{0.1}$O$_{3-\delta}$，BaCe$_{0.95}$Co$_{0.05}$O$_{3-\delta}$，BaCeO$_3$。

掺杂后的催化剂催化活性的提高源于催化氧化 CH$_4$ 的过程中，催化剂表面的 Co 离子可以分解 CH$_4$ 分子，Co^{3+} 更容易地断开 CH$_4$ 中的第一个 C—H 键，这是由于在 Co^{3+} 上 CH$_4$ 分解为 CH$_3$ 的活化位垒比在 Ce^{4+} 上更低。然后继续被氧化形成中间组分的 CH$_2$O，进而继续被氧化成 CHO，最终被氧化为 CO$_2$ 和 H$_2$O。BaCe$_{1-x}$Co$_x$O$_{3-\delta}$ 的 CH$_4$ 转化率评价指标 t_{10}、t_{50} 和 t_{90} 如表 4.13 所示。

BaCe$_{1-x}$W$_x$O$_{3-\delta}$ 钙钛矿型催化剂样品的 CH$_4$ 氧化活性评价结果如图 4.14 所示。

表 4.13　$BaCe_{1-x}Co_xO_{3-\delta}$ 的 CH_4 转化率性能参数

掺杂量 x	t_{10}/ ℃	t_{50}/ ℃	t_{90}/ ℃
0	343	430	544
0.05	273	352	431
0.10	282	385	433
0.15	247	376	421
0.20	290	368	451

由表 4.13 可知，甲烷的催化活性随着 Co 元素引入比例的增大呈现先增大后减小的趋势。当掺杂比例为 0.15 时，甲烷催化达到了最优效果。结合前文对催化剂样品的表征结果分析，该现象与催化剂 XRD 表征中的结果一致。即当 Co 的引入比例增大至 0.2 时，样品中的第二相影响了氧空位的产生和晶格氧的流动性，从而影响了甲烷的催化氧化反应。此外，催化剂的粒径及比表面积分析结果也表明，在 Co 元素的引入比例为 0.15 时，催化剂的粒径最小，比表面积最大，进而提高了催化剂与反应气体以及氧气的接触面积，使得晶格氧和气相吸附氧之间的吸附、消耗与转化达到了最理想的转化率。

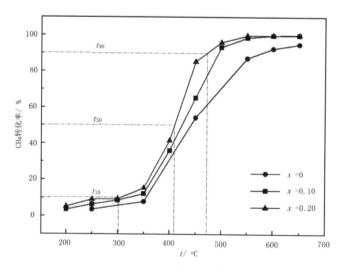

图 4.14　$BaCe_{1-x}W_xO_{3-\delta}$ 的 CH_4 转化率随温度的变化曲线图

掺杂 W 催化剂样品的催化氧化 CH$_4$ 的活性均高于未掺杂的样品 BaCeO$_3$。在温度 200 ~ 650 ℃之间，CH$_4$ 转化率随着温度的升高而逐渐增加。并且在达到一定温度后，增长曲线趋于平缓。在 307 ~ 321 ℃之间，在催化剂的作用下 CH$_4$ 转化率超过 10%。在催化剂 BaCe$_{0.8}$W$_{0.2}$O$_{3-\delta}$ 的作用下，甲烷的转化率首先达到 10%。在 307 ℃时，BaCe$_{0.8}$W$_{0.2}$O$_{3-\delta}$ 已经可以使甲烷起燃，极大地降低了甲烷的起燃温度。在低温反应阶段，W 的引入有利于氧化 CH$_4$ 催化反应进行，能大大提高反应活性。425 ℃时，所有体系的催化剂的甲烷催化效率都超过了 50%，其中最高达到了 62.4%。催化剂的低温催化氧化的结果较好，即 W 掺杂的铈酸钡基催化剂具有在低温工作环境下催化氧化 CH$_4$ 的能力。当 CH$_4$ 转化率接近 100% 时，BaCe$_{1-x}$W$_x$O$_{3-\delta}$ 三种不同掺杂量的催化剂所需的温度分别为 544.9 ℃、493.3 ℃ 和 471.9 ℃。在反应温度继续升高至 650 ℃的过程中，W 掺杂的催化剂催化氧化 CH$_4$ 性能持续稳定，反应结束后 CH$_4$ 的转化率约为 100%。

BaCe$_{0.8}$W$_{0.2}$O$_{3-\delta}$ 催化剂在 CH$_4$ 催化氧化中表现出了最高的催化活性，催化剂的活性按照如下顺序递减：BaCe$_{0.8}$W$_{0.2}$O$_{3-\delta}$，BaCe$_{0.9}$W$_{0.1}$O$_{3-\delta}$，BaCeO$_3$。

BaCe$_{1-x}$W$_x$O$_{3-\delta}$ 的 CH$_4$ 转化率评价指标 t_{10}、t_{50} 和 t_{90}（t_x 为 CH$_4$ 转化率为 x% 时所对应的温度）如表 4.10 所示。

由表 4.14 可以看出，CH$_4$ 催化活性随着 W 元素引入比例的增大而增加，在 W 元素掺杂比例为 0.2 时达到了 CH$_4$ 催化的最优效果。

表 4.14　BaCe$_{1-x}$W$_x$O$_{3-\delta}$ 的 CH$_4$ 转化率性能参数

掺杂量 x	t_{10}/ ℃	t_{50}/ ℃	t_{90}/ ℃
0	343	430	544
0.10	323	416	488
0.20	305	410	473

由上述所有的 CH$_4$ 催化氧化实验可以看出，在形成钙钛矿相材料的前

提下，W 掺杂能够提升催化剂的催化氧化 CH_4 效率。在 $BaCe_{1-x}Co_xO_{3-\delta}$ 中，$BaCe_{0.08}Co_{0.2}O_{3-\delta}$ 使 CH_4 起燃的温度为 247 ℃，比空白实验降低了 400 ℃，比 $BaCeO_3$ 的 CH_4 起燃温度降低了 96 ℃。而 $BaCe_{0.8}W_{0.2}O_{3-\delta}$ 使 CH_4 起燃的温度为 305 ℃，比空白实验降低了近 305 ℃，比 $BaCeO_3$ 的 CH_4 起燃温度降低了 38 ℃。综上可以得出结论，掺杂元素和掺杂比例均对 CH_4 燃烧催化剂的影响很大，其中 $BaCe_{0.8}Co_{0.2}O_{3-\delta}$ 表现出最佳的催化活性。

除此之外，当 Co 掺杂量为 0.15 时，含 Co 的铈酸钡基催化剂催化氧化 CH_4 性能最佳；而当 W 掺杂量为 0.2 时，含 W 的铈酸钡基催化剂催化氧化 CH_4 性能最佳。对比两种不同掺杂元素的催化剂的催化性能，如图 4.15 所示。

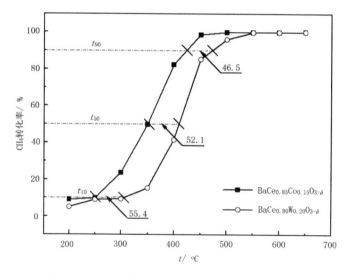

图 4.15 $BaCe_{0.8}Co_{0.2}O_{3-\delta}$ 和 $BaCe_{0.8}W_{0.2}O_{3-\delta}$ 对 CH_4 的催化活性的对比

对 $BaCeO_3$ 掺 Co 及 W 的样品作比较，掺 Co 的催化氧化效果更佳。当掺杂量 $x=0.15$ 时，掺 Co 的起燃温度 t_{10} 比掺 W 的样品低了 58 ℃，t_{50} 降低了 34 ℃，完全燃烧温度 t_{90} 降低了 52 ℃。

4.4　小结

本章研究了制备出的 BaCe$_{1-x}$M$_x$O$_{3-\delta}$（M=Co、W）钙钛矿型催化剂，分析了其 XRD、SEM、TG-DTA、粒度及比表面积等，得到以下结果：

（1）BaCe$_{1-x}$Co$_x$O$_{3-\delta}$ 催化剂粉体样品的 XRD 结果表明：当 Co 掺杂量不高于 0.6 时，溶胶凝胶法制备出了具有立方钙钛矿结构的 BaCe$_{1-x}$Co$_x$O$_{3-\delta}$。随着 Co 掺杂量的增加，衍射峰位置向右发生略微偏移，晶面间距变小，主衍射峰的强度变小，峰的宽度逐渐变大，说明了半径相对较小的 Co^{3+} 进入钙钛矿晶格部分取代了半径相对较大的 Ce^{4+}。

（2）BaCe$_{1-x}$Co$_x$O$_{3-\delta}$ 钙钛矿型催化剂的粒度主要分布在 150 ~ 250 nm 范围内。平均粒度主要分布在 176.5 ~ 218.4 nm，比表面积主要分布在 6.556 ~ 7.514 m^2·g^{-1} 之间。随着掺杂量的增加，样品平均粒度逐渐减小，比表面积逐渐增大。当掺杂量 x=0.15 时，样品的平均粒度达到最小值，为 176.5 nm，比表面积达到最大值，为 7.414 m^2·g^{-1}。所有催化剂均为片状结构，且具有孔道结构。随着 Co 掺杂量的增加，催化剂粉体堆叠松散，粉体呈现团聚现象。

（3）使用溶胶凝胶法制备了 BaCe$_{1-x}$W$_x$O$_{3-\delta}$ 的氧化物材料。XRD 检测表明，当 x=0 ~ 0.20 时，材料为单一立方钙钛矿结构；当 x=0.30 时，出现了非纯相钙钛矿结构，体相中存在四方锆石型结构的 BaWO$_4$ 及 CeO$_2$。

（4）BaCe$_{1-x}$W$_x$O$_{3-\delta}$ 样品分别在 1 175 ~ 1 250 ℃下进行烧结，并采用阻抗谱法分别测定其电导率。结果显示，随着测试温度的升高，电导率呈增加趋势。当 W 的掺杂 量 x=0.20，烧结温度为 1 225 ℃时，电导率达到最大值，为 9.4×10^{-3} S·cm^{-1}，激活能达到最小，为 E=0.45 eV。

CH$_4$ 催化氧化活性测试结果表明：Co 掺 BaCeO$_3$ 催化剂样品的催化氧

化效率得到了明显提升,均高于未掺杂催化剂对 CH_4 的催化氧化效率。当 Co 元素的掺杂量 $x=0.15$ 时,样品的 CH_4 催化活性最大,$BaCe_{0.85}Co_{0.15}O_{3-\delta}$ 使 CH_4 起燃的温度为 247 ℃,比空白实验降低了 400 ℃,比 $BaCeO_3$ 的 CH_4 起燃温度降低了 96 ℃。

第 5 章 BaCe$_{1-x}$Sm$_x$O$_{3-\delta}$ 催化剂的制备表征及性能研究

NO 占空气中氮氧化物总量的 90% 以上。由于单纯的 NO 不能被水或碱液等手段处理吸收，催化氧化 NO 为 NO$_2$ 对于去除尾气中 NO$_x$ 起着重要的作用，因为 NO$_2$ 更容易发生中和反应或在催化剂作用下继续还原为 N$_2$。将 NO 氧化为 NO$_3^-$ 等物质，则可以被碱液等吸收剂吸收。选择性催化氧化法（selective catalytic oxidation，SCO）在催化剂的作用下，可大幅提高 NO 氧化速率，从而达到上述目的。一氧化氮氧化在整个氮氧化物脱除过程中起到了关键作用并促进了后续反应。因此，研究 NO 氧化反应对整个尾气后处理系统的意义重大。Sm 掺杂的钙钛矿型材料具有良好的质子电导率，在酸性气体环境下性能稳定，在光催化和钙钛矿太阳能电池方面有广泛的应用[179-191]。然而，作为催化氧化 NO 的催化剂材料尚未见报道。本章选取 Sm 掺杂的 BaCeO$_3$ 基催化剂催化氧化 NO，通过研究不同的 Sm 的掺杂量，研究掺杂量对 BaCeO$_3$ 基催化剂物相、粒度和比表面积等性能的影响，同时研究了 Sm 掺杂对 BaCeO$_3$ 基催化剂电化学性能和催化氧化 NO 性能的提升。

5.1 BaCe$_{1-x}$Sm$_x$O$_{3-\delta}$ 催化剂的制备表征

5.1.1 物相组成分析

1 000 ℃焙烧的 BaCe$_{1-x}$Sm$_x$O$_{3-\delta}$ 粉体的 XRD 谱图如图 5.1 所示。可以发现，粉体经过高温焙烧后 Sm 掺杂的 BaCeO$_3$ 催化剂粉体的特征峰尖锐，基本形成了单一的斜方钙钛矿相。随着 Sm 掺杂量的升高，Sm 掺杂的催化剂粉体的特征峰符合钙钛矿型 BaCeO$_3$ 的特征峰。这说明 Sm 取代 Ce 进入 BaCeO$_3$ 晶格中，已经形成了较纯的钙钛矿相。当 Sm 掺杂量为 0.20 时，催化剂样品中出现少量的 CeO$_2$ 和 Sm$_2$O$_3$。这表明 $x=0.20$ 时，Sm 取代 Ce 进入 BaCeO$_3$ 并保持其特征峰的最大值。从图中可以看出，随着 Sm 掺杂量的增加，XRD 谱图中衍射峰的位置会发生向左偏移，说明 2θ 值增加，同时 d 值下降。因此，样品的晶胞参数会随着 Sm 掺杂量的增加而变小，晶面间距变大。这说明了半径相对较小的 Sm^{3+} 成功进入钙钛矿晶格，部分取代了半径相对较大的 Ce^{4+} 而造成晶格扭曲，晶粒变小。随着 Sm 掺杂量的升高，主衍射峰强度变小，峰宽度变大，也说明了催化剂粉体粒径在变小。

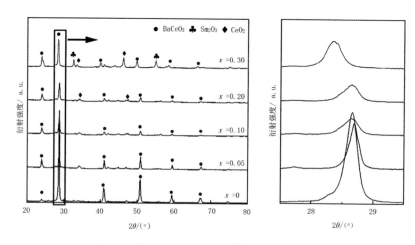

图 5.1 BaCe$_{1-x}$Sm$_x$O$_{3-\delta}$ 粉体的 XRD 谱图

BaCe$_{1-x}$Sm$_x$O$_{3-\delta}$ 的晶胞参数、晶胞体积如表 5-1 所示。

表 5.1　BaCe$_{1-x}$Sm$_x$O$_{3-\delta}$ 的晶胞参数、晶胞体积和容限因子

掺杂量 x	a/ nm	b/ nm	c/ nm	V/ nm^3	t
0.05	0.872 1	0.621 1	0.623 3	0.337 6	0.800 3
0.10	0.878 8	0.620 9	0.627 5	0.342 4	0.797 1
0.20	0.877 2	0.621 1	0.629 7	0.343 1	0.790 6
0.30	0.872 7	0.625 1	0.629 9	0.343 6	0.784 2

5.1.2　微观形貌分析

BaCe$_{1-x}$Sm$_x$O$_{3-\delta}$ 钙钛矿催化剂粉体的扫描电子显微镜照片如图 5.2 所示。

（a）x=0.05　　　　　　　　　（b）x=0.10

（c）x=0.20　　　　　　　　　（d）x=0.30

图 5.2　BaCe$_{1-x}$Sm$_x$O$_{3-\delta}$ 粉体的 SEM 图片

从图中可以看出，所有的催化剂粉体堆叠呈现类似蜂窝状结构，分布疏松。图 5.3 为 BaCe$_{1-x}$Sm$_x$O$_{3-\delta}$ 催化剂片状样品在 1 600 ℃烧结 6 h 后的表

面和截面形貌。从图中可以看出，当 Sm 掺杂量为 0.05 时，该催化剂样品表面尚有少量气孔，但从截面中可以看出，体相中有很多孔道结构，说明该温度下，0.05 掺杂比例的催化剂样品未达到致密烧结，颗粒粒径在 2 μm 左右。随着掺杂量的提升，当掺杂量大于等于 0.10 时，催化剂样品表面非常致密，没有气孔出现，晶胞粒径在 3 μm 左右，催化剂样品体相也非常致密，没有气孔产生。

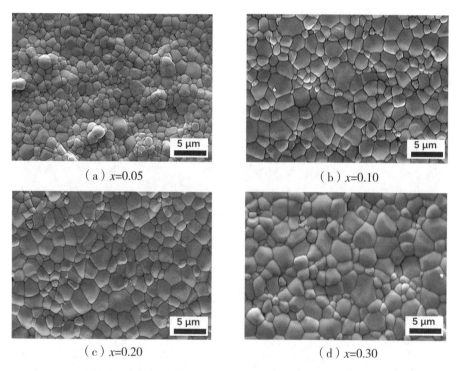

（a）$x=0.05$　　　　　　　　（b）$x=0.10$

（c）$x=0.20$　　　　　　　　（d）$x=0.30$

图 5.3　1 600 ℃烧结的 $BaCe_{1-x}Sm_xO_{3-\delta}$ 的 SEM 图片

5.1.3　粒度分析

$BaCe_{1-x}Sm_xO_{3-\delta}$ 钙钛矿催化剂的粒度测试结果如图 5.4 所示，具体数据如表 5.2 所示。

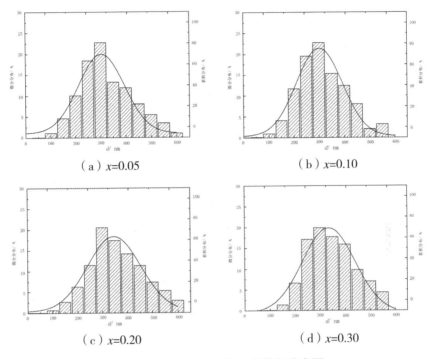

（a）x=0.05　　　　　　　　（b）x=0.10

（c）x=0.20　　　　　　　　（d）x=0.30

图 5.4　BaCe$_{1-x}$Sm$_x$O$_{3-\delta}$ 的粒径分布图

表 5.2　BaCe$_{1-x}$Sm$_x$O$_{3-\delta}$ 的粒径分布

掺杂量 x	粒度分布 / nm	平均粒度 / nm
0.05	200 ~ 400	337.05
0.10	200 ~ 450	306.89
0.20	250 ~ 400	300.00
0.30	250 ~ 450	308.82

　　从图中可以看出，催化剂样品的粒度分布范围主要集中在 200 ~ 450 nm 之间，样品的平均粒度主要分布在 300.00 ~ 337.05 nm 之间。掺杂后样品的小粒径颗粒的分布范围有所变大，从而导致样品的平均粒度有所变小。随着 Sm 掺杂量的增加，样品的平均粒度逐渐减小，说明 Sm 的掺杂有利于减小样品的粒度。当掺杂量 x=0.20 时，样品 BaCe$_{0.8}$Sm$_{0.2}$O$_{3-\delta}$ 的平均粒度达到最小，为 300.00 nm；当掺杂量 x > 0.20 时，因部分氧化钐未能进入铈酸钡晶格中，平均粒径有所增大。但由于掺杂量较少，各催化剂样品之间

的粒度分布范围大致相似，所得到的样品平均粒径变化也相对较小。

5.1.4 比表面积分析

$BaCe_{1-x}Sm_xO_{3-\delta}$ 钙钛矿催化剂的比表面积测试结果如表 5.3 所示。从表中可以看出，掺杂后样品的比表面积大于未掺杂的 $BaCeO_3$，说明 Sm 掺杂有利于提升样品的比表面积。随着 Sm 掺杂量的增加，催化剂样品比表面积逐渐增大，当 Sm 掺杂量 $x=0.2$ 时，催化剂样品的比表面积最大，为 $7.99\ m^2 \cdot g^{-1}$。由电镜表征结果可知，所有催化剂为类似蜂窝状的结构，孔道分布较多，样品的孔道结构随着 Sm 掺杂量的增加而逐渐增加，从而提高了催化剂样品的比表面积。

表 5.3 $BaCe_{1-x}Sm_xO_{3-\delta}$ 的比表面积

掺杂量 x	0	0.05	0.10	0.20	0.30
$S/ m^2 \cdot g^{-1}$	5.77	6.97	7.72	7.99	7.79

5.1.5 致密度分析

1 550 ℃下烧结的 $BaCe_{1-x}Sm_xO_{3-\delta}$ 催化剂片状样品的实际密度数据如表 5.4 所示。

表 5.4 $BaCe_{1-x}Sm_xO_{3-\delta}$ 的实际密度数据

掺杂量 x	m_1/ g	m_2/ g	m_3/ g	$\rho / g \cdot cm^{-3}$
0.05	0.484 0	0.502 8	0.417 5	5.572
0.10	0.486 8	0.510 2	0.422 8	5.698
0.20	0.485 6	0.508 8	0.418 3	5.652
0.30	0.495 2	0.509 1	0.415 2	5.609

以 Sm 掺杂量为 0.20 为例，计算所需的晶胞体积 V 的数据详见 XRD 数据表 5.1。$V=0.343\ 1\ nm^3$，一个晶胞内含有 4 个 $BaCe_{0.8}Sm_{0.2}O_3$ 分子。因此该晶胞内的总质量为 1 262.96 个相对原子质量，进而可求出其理论密度数据。

实际密度与理论密度的比值即为相对密度，相关数据如表 5.5 所示。从表中可以看出，所有的样品的相对密度都在 91% 以上，说明经过高温煅烧 Sm 掺杂的 BaCeO$_3$ 催化剂样品具有良好的烧结性能，相对密度随着 Sm 掺杂量的增加而升高。

表 5.5　BaCe$_{1-x}$Sm$_x$O$_{3-\delta}$ 的密度数据

掺杂量 x	ρ / g·cm^{-3}	ρ_0/ g·cm^{-3}	C/ %
0.05	5.572	6.017	92.6
0.10	5.698	6.214	91.7
0.20	5.652	6.117	92.4
0.30	5.609	6.064	92.5

5.2　BaCe$_{1-x}$Sm$_x$O$_{3-\delta}$ 催化剂的性能研究

5.2.1　电化学性能研究

通过 ZsimpWin 软件对交流阻抗谱数据进行拟合，由拟合结果得出 BaCe$_{1-x}$Sm$_x$O$_{3-\delta}$ 催化剂材料的电阻，进而求得 BaCe$_{1-x}$Sm$_x$O$_{3-\delta}$ 质子导体的电导率。电导率与掺杂量之间的关系如图 5.5 所示。根据 XRD 数据可知，当 Sm 掺杂量达到 0.3 时，Sm 掺杂的 BaCeO$_3$ 呈现复杂混合相，因此选择掺杂量小于 0.3 的催化剂样品进行电化学和催化性能研究。

由图 5.5 可以发现 BaCe$_{1-x}$Sm$_x$O$_{3-\delta}$ 催化剂样品在空气中的电导率随着 Sm 掺杂量的增加而升高，随着测试温度的升高而增大。未掺杂的 BaCeO$_3$ 样品几乎不含氧空位，因此几乎无法产生氧离子导电，而 Sm 掺杂后，取代了部分 Ce 进入晶格中，增加了氧空穴的数量，提高了催化剂的氧离子传导能力，从而提升催化剂样品的导电性能。由图 5.5 可以看出 BaCe$_{1-x}$Sm$_x$O$_{3-\delta}$ 催化剂材料的电导率随着测试温度的升高而增大，在

900 ℃时达到最大值。催化材料的电导率随着 Sm 掺杂量的升高而增大，当 Sm 掺杂量为 0.20 时达到最大值。催化剂材料的电导率受烧结温度的影响，随着烧结温度的升高，电导率逐渐升高，在煅烧温度为 1 600 ℃时达到最大值。掺杂量为 $x=0.20$ 的样品随测试温度升高，电导率增长幅度最大，当测试温度为 900 ℃时，$BaCe_{0.8}Sm_{0.2}O_{3-\delta}$ 电导率最高，为 $6.39 \times 10^{-2}\ S \cdot cm^{-1}$。

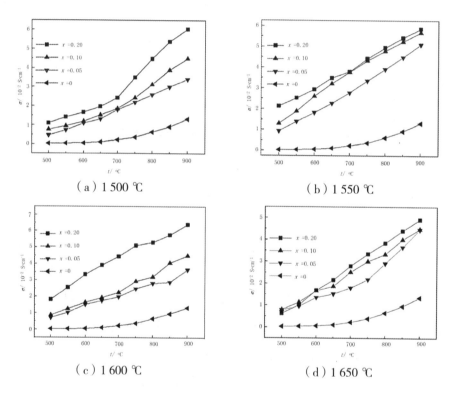

图 5.5　高温烧结下 $BaCe_{1-x}Sm_xO_{3-\delta}$ 的电导率

不同烧结温度下 $BaCe_{1-x}Sm_xO_{3-\delta}$ 片状样品的 Arrhenius 图如图 5.6 所示。

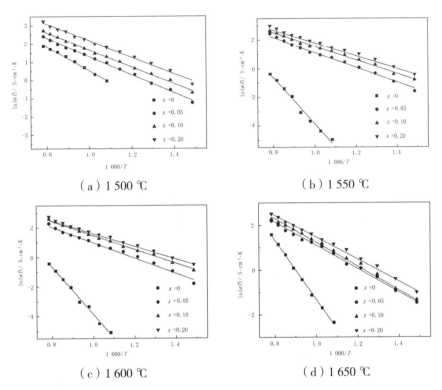

（a）1 500 ℃　　　　　　　　　（b）1 550 ℃

（c）1 600 ℃　　　　　　　　　（d）1 650 ℃

图 5.6　不同烧结温度下的 BaCe$_{1-x}$Sm$_x$O$_{3-\delta}$ 的 Arrhenius 图

从图 5.6 和表 5.6 可以看出，在四个烧结温度下，Sm 掺杂后样品的激活能全部小于未掺杂的 BaCeO$_3$。电导率的变化规律与激活能的变化规律成反比例，即电导率越大的样品，其对应的激活能越小。随着烧结温度的升高，样品的激活能逐渐降低，1 600 ℃下烧结的样品的激活能最小。在掺杂量为 0.2 时，电导激活能为 0.371 eV，其电导率最大，为 6.39×10^{-2} S · cm^{-1}。

表 5.6　BaCe$_{1-x}$Sm$_x$O$_{3-\delta}$ 在不同烧结温度下的电导激活能

掺杂量 x	E（1 500 ℃）/ eV	E（1 550 ℃）/ eV	E（1 600 ℃）/ eV	E（1 650 ℃）/ eV
0	0.567	1.397	1.384	1.152
0.05	0.513	0.611	0.532	0.515
0.10	0.432	0.447	0.448	0.451
0.20	0.410	0.411	0.407	0.471

5.2.2 催化氧化 NO 活性测试

$BaCe_{1-x}Sm_xO_{3-\delta}$ 对 NO 的催化氧化活性如图 5.7 所示。

由图 5.7 和表 5.7 可知，Sm 的取代量对催化剂活性影响很大。未含 Sm 的催化剂 $BaCeO_3$ 在 350 ℃时，NO 转化率只有 40% 左右。当少量的 Sm 取代 Ce 后，催化剂的活性明显增强。例如，Sm 掺杂量为 0.05 时，催化剂样品的催化氧化 NO 效率明显大于未掺杂样品，NO 转化率在 85% 左右。当掺杂量达到 0.20 时，催化剂的活性达到最高点，在 350 ℃时 NO 转化率在 95% 左右。尽管催化剂在高温下催化活性下降，但是 Sm 掺杂的催化剂仍比未掺杂的催化剂样品具有更高的催化氧化 NO 活性。

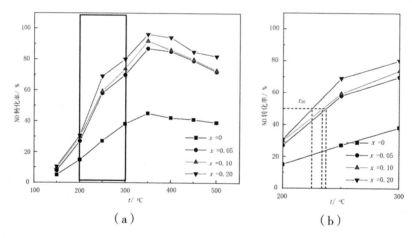

（a） （b）

图 5.7 $BaCe_{1-x}Sm_xO_{3-\delta}$ 对 NO 的转化率对比图

表 5.7 $BaCe_{1-x}Sm_xO_{3-\delta}$ 的 NO 转化率性能参数对比图

掺杂量 x	t_{10}/ ℃	t_{50}/ ℃
0	175	—
0.05	155	237
0.10	143	234
0.20	140	225

催化剂在低温工作条件下的 NO 随着温度的升高而升高。温度过高时，

NO 氧化率逐渐下降。当温度较低时，NO 转化率较低，这是因为 NO 在催化剂表面被吸附后形成的硝酸盐需要在较高的温度才能脱附分解成 NO$_2$。而在高温下，NO 转化率反而降低，主要是因为 NO$_2$ 在高温下不稳定。NO 氧化活性变化与掺杂后的电导率数据趋势一致。NO 氧化活性顺序为 $0.20 > 0.10 > 0.05 > 0$，当 x=0.20 时催化剂表现出最佳的催化活性，在 350 ℃时，转化率为 96.5%。

5.3　小结

采用溶胶凝胶法制备了 Sm 掺杂铈酸钡基质子导体系列催化剂。研究了 Sm 掺杂催化剂的电导率等电化学性能随着掺杂量、烧结温度等的变化规律，并确定了合适的 Sm 掺杂量，完善了 Sm 掺杂催化剂的制备工艺。本书得出以下结论：

（1）溶胶凝胶法成功制备出了 BaCe$_{1-x}$Sm$_x$O$_{3-\delta}$（x=0、0.05、0.10、0.20、0.30）系列质子导体的前驱体粉体。XRD 结果表明，前驱体粉体在 1 000 ℃煅烧 6 h 后获得了具有均一钙钛矿结构的 BaCe$_{1-x}$Sm$_x$O$_{3-\delta}$ 钙钛矿催化剂材料。

（2）Sm 掺杂可以显著提高铈酸钡基质子导体材料的电导率，降低电导激活能。在 500 ~ 900 ℃温度范围内，当 Sm 掺杂量为 0.20 时，BaCe$_{1-x}$Sm$_x$O$_{3-\delta}$ 样品的电导率达到最大值 6.39×10^{-2} S·cm^{-1}，电导激活能最小为 0.371 eV。因此，Sm 掺杂量 x=0.20 为 BaCe$_{1-x}$Sm$_x$O$_{3-\delta}$ 材料的最佳掺杂量。

（3）BaCeO$_3$ 在掺杂 Sm 后，具有良好的 NO 催化氧化活性。催化活性对于 NO 氧化活性的顺序为：$0.20 > 0.10 > 0.05 > 0$。催化活性与电导率具有正相关性。当 x=0.20 时，催化剂表现出最佳的催化活性，在 350 ℃时，转化率为 96.5%。

第6章 结 论

本书系统研究了 $BaCe_{1-x}M_xO_{3-\delta}$（M=Ag、Co、W、Sm）钙钛矿型质子导体催化剂的物化性能和电化学性能，以及对 CO、CH_4 和 NO 的催化氧化活性，并得出以下结论。

（1）采用溶胶凝胶法成功制备了铈酸钡基质子导体 $BaCe_{1-x}M_xO_{3-\delta}$（M=Ag、Co、W、Sm）系列催化剂，用于催化净化机动车尾气中的污染物 CO、CH_4 和 NO。通过 1 000 ℃ 的高温焙烧制备出了 $BaCe_{1-x}Ag_xO_{3-\delta}$（$x$=0、0.02、0.04、0.06、0.08）催化剂粉体。该催化剂粉体粒径均匀，分布范围为 200 ~ 375 nm，呈现出单一的 $BaCeO_3$ 相。在 200 ~ 550 ℃ 的温度范围内，x=0.08 时，空气气氛中，经 1 350 ℃ 烧结的催化剂电导率最高，为 3.31×10^{-7} ~ 1.98×10^{-5} S·cm^{-1}。在催化氧化 CO 实验中，Ag 的掺杂明显提高了 $BaCeO_3$ 的催化氧化 CO 活性。$BaCeO_3$ 基催化剂的催化氧化 CO 活性随着 Ag 掺杂量的增加逐渐升高。当掺杂量 x=0.08 时，催化剂的催化氧化 CO 活性最大，$BaCe_{0.92}Ag_{0.08}O_{3-\delta}$ 的 t_{50} 和 t_{70}（t_x，CO 转化率为 x% 时的温度）分别比 $BaCeO_3$ 降低了 38 ℃ 和 50 ℃，并且在 297 ℃ 后，转化率趋近 100%。同时，T_{50}（T_x，CO_2 的产率为 x% 时的温度）降低了 56 ℃，最大产率达到 85%。

（2）分别制备了 $BaCe_{1-x}Co_xO_{3-\delta}$（$x$=0、0.05、0.10、0.15、0.20）和 $BaCe_{1-x}W_xO_3$（x=0、0.10、0.20、0.30）系列催化剂，并研究了 Co 和 W 掺杂对 $BaCeO_3$ 催化剂性能的影响。当 Co 掺杂量 $x \leqslant 0.15$ 时，催化剂粉体呈现单一的 $BaCeO_3$ 相，粒径分布在 150 ~ 250 nm 之间。当 W 掺杂量 $x \leqslant 0.20$ 时，催化剂粉体呈现单一的铈酸钡相，粒径分布在 200 ~ 400 nm 之间。$BaCe_{1-x}Co_xO_{3-\delta}$ 催化剂在 200 ~ 650 ℃的温度范围内，x=0.15 时，空气气氛中，1 350 ℃烧结的催化剂电导率最高，最大值为 4.24×10^{-7} ~ 1.18×10^{-3} S·cm^{-1}。$BaCe_{1-x}W_xO_{3-\delta}$ 催化剂在 200 ~ 650 ℃的温度范围内，x=0.20 时，空气气氛中，1 225 ℃烧结的催化剂电导率最高，最大值为 5.95×10^{-6} ~ 8.91×10^{-3} S·cm^{-1}。

（3）在催化氧化 CH_4 实验中，Co 掺杂显著提升了 $BaCeO_3$ 基催化剂的性能。当 Co 掺杂量达到 0.15 时，$BaCeO_3$ 基催化剂的催化活性最好，比未掺杂催化剂的起燃温度 t_{10} 降低了 96 ℃。$BaCe_{1-x}W_xO_{3-\delta}$ 催化剂在 x=0.20 时，具有最佳催化性能，比未掺杂时 CH_4 起燃温度 t_{10} 降低了 38 ℃。$BaCe_{0.85}Co_{0.15}O_{3-\delta}$ 催化性能要优于 $BaCe_{0.8}W_{0.2}O_{3-\delta}$。

（4）实验制备了 $BaCe_{1-x}Sm_xO_{3-\delta}$（$x$=0.05、0.10、0.20、0.30）系列质子导体。Sm 掺杂的 $BaCeO_3$ 催化剂粉体粒径分布在 200 ~ 450 nm 之间，在 500 ~ 900 ℃的温度范围内，空气气氛下，1 600 ℃烧结的催化剂电导率最高。在 x=0.20 时，电导率最高为 8.72×10^{-3} ~ 6.39×10^{-2} S·cm^{-1}。在催化氧化 NO 性能实验中，$BaCe_{1-x}Sm_xO_{3-\delta}$ 对低浓度的 NO 具有较好的催化反应活性。随着 Sm 掺杂量的增加，$BaCeO_3$ 基催化活性逐渐增强，当 x=0.20 时，该催化剂的催化氧化 NO 活性最佳。在 350 ℃时，NO 转化率最高达到 96%，比掺杂前的 NO 转化率上升了 51%。

<h1 style="text-align:center">参考文献</h1>

［1］中华人民共和国生态环境部. 中国移动源环境管理年报（2020）［R］. 北京，2020.

［2］袁涛，郭晓丽. 浅谈机动车尾气污染及净化技术［J］. 化工管理，2019，3：174-175.

［3］王凤利，赵德才. 汽车尾气的净化与处理系统［J］. 河北北方学院学报（自然科学版），2020，36（07）：16-19.

［4］刘志军. 机动车尾气净化催化剂的研究与展望［J］. 化工设计通讯，2020，46（8）：229-230，237.

［5］Guo X. Discussion on the urban vehicle exhaust pollution and control measures［J］. Logistics Engineering and Management，2009，31（7）：130-132.

［6］Joaquim R，Marti N，Marta S，et al. Environmental impact and human health risks of air pollutants near a large chemical/petrochemical complex：case study in Tarragona，Spain［J］. Science of the Total Environment，2021，787（15）：147550.

［7］Anna C，Enric R，Rosa M M，et al. Lung cancer risk by polycyclic aromatic hydrocarbons in a Mediterranean industrialized area［J］.

Environmental Science and Pollution Research, 2016, 23: 23215-23227.

[8] Francisco G, Eneko B, Pilar T, et al. Decreasing temporal trends of polychlorinated dibenzo-p-dioxins and dibenzofurans in adipose tissue from residents near a hazardous waste incinerator [J]. Science of the total Environment, 2021, 751: 141844.

[9] Linares V, Perello G, Nadal M, et al. Environmental versus dietary exposure to POPs and metals: a probabilistic assessment of human health risks [J]. Journal of Environmental Monitoring, 2010, 12 (3): 681-688.

[10] Neus G, Roser E, Montse M, et al. Concentrations of arsenic and vanadium in environmental and biological samples collected in the neighborhood of petrochemical industries: a review of the scientific literature [J]. Science of The Total Environment, 2021, 771: 145149.

[11] Noelia D, Miriam L D, Jordi S, et al. Application of the multimedia urban model to estimate the emissions and environmental fate of PAHs in Tarragona County, Catalonia, Spain [J]. Science of the Total Environment, 2016, 573: 1622-1629.

[12] Francisco G, Montse M, Eneko B, et al. Biomonitoring of trace elements in subjects living near a hazardous waste incinerator: concentrations in autopsy tissues [J]. Toxics, 2020, 8 (1): 1-10.

[13] Gómez-Roig M D, Pascal R, Cahuana M J, et al. Environmental exposure during pregnancy: influence on prenatal development and early life: a comprehensive review [J]. Fetal Diagnosis and Therapy, 2021, 48: 245-257.

[14] 常纪文, 尹立霞. 雾霾治理的国际经验 [J]. 学习时报, 2016, 2:

1–3.

［15］肖永清. 欧洲汽车尾气排放标准［J］. 世界汽车，2003（4）：1.

［16］佚名. 欧洲汽车尾气排放标准：从欧Ⅰ到欧Ⅵ［J］. 标准生活，2014（1）：47.

［17］邹欣芯. 日本汽车尾气排放标准演进的法律分析［J］. 法制与社会，2014（13）：194–195.

［18］郭忠军. 刍议我国汽车尾气排放标准的途径及意义［J］. 科技与企业，2016（2）：112.

［19］张衍，王庆龙. 中国汽车尾气控制政策的减排效果研究［J］. 中国人口·资源与环境，2020，30（5）：98–109.

［20］任素慧，王柯. 我国机动车排放标准减排的措施与效果研究［J］. 工业技术创新，2016，3（2）：171–175.

［21］Wang W. The survey of modern gasoline motor car exhaust and control technology［J］. Internal Combustion Engines，2004，5：1–4.

［22］Uchisawa J，Tango T，Caravella A，et al. Effects of the extent of silica doping and the mesopore size of an alumina support on activity as a diesel oxidation catalyst［J］. Industrial and Engineering Chemistry Research，2014，53（19）：7992–7998.

［23］Avgouropoulos G，Oikonomopoulos E，Kanistras D，et al. Complete oxidation of ethanol over alkali–promoted Pt/Al$_2$O$_3$ catalysts［J］. Applied Catalysis B：Environmental，2006，65（1–2）：62–69.

［24］Jiang D，Li L，Shi J，et al. One–pot synthesis of meso–structured Pd–CeO$_x$ catalyst for efficient low–temperature CO oxidation under ambient conditions［J］. Nanoscale，2015，7（13）：5691–5698.

［25］Sreeremya T S，Patil K R，Brougham D F，et al. Shape–selective oriented cerium oxide nanocrystals permit assessment of the effect of the exposed facets on catalytic activity and oxygen storage capacity［J］.

ACS applied materials & interfaces, 2015, 7 (16): 8545–8555.

[26] 赵敏伟. Pd–CZ–Al₂O₃ 模型催化剂的动态储放氧与三效催化性能研究 [D]. 天津: 天津大学, 2008.

[27] Feng L, Hoang D T, Tsung C K, et al. Catalytic properties of Pt cluster decorated CeO₂ nanostructures [J]. Nano Research, 2011, 4: 61–71.

[28] Lang W, Laing P, Cheng Y, et al. Co–oxidation of CO and propylene on Pd/CeO₂–ZrO₂ and Pd/Al₂O₃ monolith catalysts: a light–off, kinetics, and mechanistic study [J]. Applied Catalysis B: Environmental, 2017, 218: 430–442.

[29] Gao Y, Wang W, Chang S, et al. Morphology effect of CeO₂ support in the preparation, metal–support interaction, and catalytic performance of Pt/CeO₂ catalysts [J]. ChemCatChem, 2013, 5: 3610–3620.

[30] Guo L W, Du P P, Fu X P, et al. Contributions of distinct gold species to catalytic reactivity for carbon monoxide oxidation [J]. Nature Communications, 2016, 7: 13481–13489.

[31] Konsolakis M. The role of copper–ceria interactions in catalysis science: recent theoretical and experimental advances [J]. Applied Catalysis B: Environmental, 2016, 198: 49–66.

[32] Fan X, Xiao X, Chen L, et al. Significantly improved hydrogen storage properties of NaAlH₄ catalyzed by Ce–based nanoparticles [J]. Journal of Materials Chemistry A, 2013, 1: 9752–9759.

[33] Chen C, Nan C, Wang D, et al. Mesoporous multicomponent nanocomposite colloidal spheres: ideal high–temperature stable model catalysts [J]. Angewandte Chemie, 2011, 123 (16): 3809–3813.

[34] Hu Z, Metiu H. Effect of dopants on the energy of oxygen–vacancy formation at the surface of ceria: local or global [J]. The Journal of

Physical Chemistry C, 2011, 115: 17898-17909.

[35] Li H, Tan A, Zhang X, et al. Stability improvement of ZrO_2-doped $MnCeO_x$ catalyst in ethanol oxidation [J]. Catalysis Communications, 2011, 12: 1361-1365.

[36] Li J, Zhu P, Zhou R. Effect of the preparation method on the performance of $CuO-MnO_x-CeO_2$ catalysts for selective oxidation of CO in H_2-rich streams [J]. Journal of Power Sources, 2011, 96: 9590-9598.

[37] Yuan C, Wu H B, Xie Y, et al. Mixed transition-metal oxides: design, synthesis, and energy-related applications [J]. Angewandte Chemie International Edition, 2014, 55: 1488-1504.

[38] Wang H, Liu C J. Preparation and characterization of SBA-15 supported Pd catalyst for CO oxidation [J]. Applied Catalysis B: Environmental, 2011, 106 (3): 672-680.

[39] Femandez G M, Martinez A A, Guerrero R, et al. Ce-Zr-Ca temary mixed oxides: structural characteristics and oxygen handling properties [J]. Catal, 2002, 211: 326-334.

[40] Hinokuma S, Fujii H, Okamato M, et al. Metallic Pd nanoparticles formed by Pd-O-Ce interaction: a reason for sintering-induced activation for CO oxidation [J]. Chemistry of Materials, 2010, 22 (22): 6183-6190.

[41] Wang J A, Chen L F, Valenzuela M A, et al. Rietveld refinement and activity of CO oxidation over $Pd/Ce_{0.8}Zr_{0.2}O_2$ catalyst prepared via a surfactant-assisted route [J]. Applied Surface Science, 2004, 230 (1-4): 34-43.

[42] Talib H S, 于小虎, 于琦, 等. 磷钨酸负载的非贵金属单原子催化剂: 乙烯环氧化的理论研究（英文）[J]. Science China Materials,

2020，63（6）：1003-1014.

［43］李明，王东辉，张泽廷，等. 非贵金属室温 CO 氧化催化剂的研究［J］. 环境科学与技术，2007（4）：29-31，116-117.

［44］Li W B，Wang J X，Gong H. Catalytic combustion of VOCs on non-noble metal catalysts［J］. Catalysis Today，2009，148（1-2）：81-87.

［45］Rivas B，López-Fonseca R，Jiménez-González C，et al. Synthesis，characterisation and catalytic performance of nanocrystalline Co_3O_4 for gas-phase chlorinated VOC abatement［J］. Journal of Catalysis，2011，281（1）：88-97.

［46］Yan Q，Li X，Zhao Q，et al. Shape-controlled fabrication of the porous Co_3O_4 nanoflower clusters for efficient catalytic oxidation of gaseous toluene［J］. Journal of Hazardous Materials，2012，209：385-391.

［47］Rivas B，López-Fonseca R，Jiménez-González C，et al. Highly active behaviour of nanocrystalline Co_3O_4 from oxalate nanorods in the oxidation of chlorinated short chain alkanes［J］. Chemical Engineering Journal，2012，184：184-192.

［48］Spela K，Asja V，Danilo S. Sol-Gel Synthesis and Characterization of $Na_{0.5}Bi_{0.5}TiO_3$-$NaTaO_3$ Thin Films［J］. Journal of the American Ceramic Society，2013，96（2）：442-446.

［49］Bai B，Li J，Hao J. 1D-MnO_2，2D-MnO_2 and 3D-MnO_2 for low-temperature oxidation of ethanol［J］. Applied Catalysis B：Environmental，2015，164：241-250.

［50］Kim S C，Shim W G. Catalytic combustion of VOCs over a series of manganese oxide catalysts［J］. Applied Catalysis B：Environmental，2010，98（3-4）：180-185.

［51］Piumetti M，Fino D，Russo N. Mesoporous manganese oxides prepared by solution combustion synthesis as catalysts for the total oxidation of VOCs [J]. Applied Catalysis B: Environmental, 2015, 163: 277–287.

[52] Sinha A K, Suzuki K. Novel mesoporous chromium oxide for VOCs elimination [J]. Applied Catalysis B: Environmental, 2007, 70 (1–4): 417–422.

[53] Xia Y S, Dai H X, Jiang H Y, et al. Mesoporous chromia with ordered three–dimensional structures for the complete oxidation of toluene and ethyl acetate [J]. Environmental Science Technology, 2009, 43 (21): 8355–8360.

[54] Wang F, Dai H X, Deng J G, et al. Manganese oxides with rod–, wire–, tube–, and flower–like morphologies: Highly effective catalysts for the removal of toluene [J]. Environmental Science Technology, 2012, 46 (7): 4034–4041.

[55] Aguilera D A, Perez A, Molina R, et al. Cu–Mn and Co–Mn catalysts synthesized from hydrotalcites and their use in the oxidation of VOCs [J]. Applied Catalysis B: Environmental, 2011, 104 (1–2): 144–150.

[56] Yao X J, Tang C J, Ji Z Y, et al. Investigation of the physicochemical properties and catalytic activities of $Ce_{0.67}M_{0.33}O_2$ (M= Zr^{4+}, Ti^{4+}, Sn^{4+}) solid solutions for NO removal by CO [J]. Catalysis Science Technology, 2013, 3 (3): 688–698.

[57] Konsolakis M, Sgourakis M, Carabineiro S A C. Surface and redox properties of cobalt – ceria binary oxides: on the effect of Co content and pretreatment conditions [J]. Applied Surface Science, 2015, 341: 48–54.

[58] Hernández–Garrido J, Gaona D, Gómez D, et al. Comparative study of the catalytic performance and final surface structure of $Co_3O_4/La–CeO_2$

wash coated ceramic and metallic honeycomb monoliths [J]. Catalysis Today, 2015, 253: 190–198.

[59] Li T Y, Chiang S J, Liaw B J, et al. Catalytic oxidation of benzene over $CuO/Ce_{1-x}Mn_xO_2$ catalysts [J]. Applied Catalysis B: Environmental, 2011, 103 (1–2): 143–148.

[60] Luo Y J, Wang K C, Xu Y X, et al. The role of Cu species in electrospun $CuO-CeO_2$ nanofibers for total benzene oxidation [J]. New Journal of Chemistry, 2015, 39 (2): 1001–1005.

[61] Chen C Q, Yu Y, Li W, et al. Mesoporous $Ce_{1-x}Zr_xO_2$ solid solution nanofibers as high efficiency catalysts for the catalytic combustion of VOCs [J]. Journal of Materials Chemistry, 2011, 21 (34): 12836–12841.

[62] Binder A J, Toops T J, Unocic R R, et al. Low–temperature CO oxidation over a ternary oxide catalyst with high resistance to hydrocarbon inhibition[J]. Angewandte Chemie International Edition, 2015, 54(45): 13263–13267.

[63] Zhang C H, Wang C, Gil S, et al. Catalytic oxidation of 1, 2–dichloropropane over supported $LaMnO_x$ oxides catalysts [J]. Applied Catalysis B: Environmental, 2017, 201: 552–560.

[64] Gómez D M, Gatica J M, Hernández–Garrido J C, et al. A novel CoO_x/La–modified–CeO_2 formulation for powdered and washcoated onto cordierite honeycomb catalysts with application in VOCs oxidation [J]. Applied Catalysis B: Environmental, 2014, 144: 425–434.

[65] Sinquin G, Petit C, Hindermann J P, et al. Study of the formation of $LaMO_3$ (M=Co, Mn) perovskites by propionates precursors: application to the catalytic destruction of chlorinated VOCs [J]. Catalysis Today, 2001, 70 (1–3): 183–196.

［66］Carrillo A M, Carriazo J G. Cu and Co oxides supported on halloysite for the total oxidation of toluene ［J］. Applied Catalysis B: Environmental, 2015, 164: 443–452.

［67］Royer S, Duprez D, Can F, et al. Perovskites as substitutes of noble metals for heterogeneous catalysis: Dream or reality ［J］. Chemical Reviews, 2014, 114（20）: 10292–10368.

［68］Kucharczyk B, Tylus W. Partial substitution of lanthanum with silver in the $LaMnO_3$ perovskite: effect of the modification on the activity of monolithic catalysts in the reactions of methane and carbon oxide oxidation ［J］. Applied Catalysis A: General, 2008, 335（1）: 28–36.

［69］Worayingyong A, Kangvansura P, Ausadasuk S, et al. The effect of preparation: pechini and schiff base methods, on adsorbed oxygen of $LaCoO_3$ perovskite oxidation catalysts ［J］. Colloids and Surfaces A: Physicochemical and Engineering Aspects, 2008, 315（1–3）: 217–225.

［70］Einaga H, Hyodo S, Teraoka Y. Complete oxidation of benzene over perovskite–type oxide catalysts ［J］. Topics in Catalysis, 2010, 53（7–10）: 629–634.

［71］Blasin–Aubé V, Belkouch J, Monceaux L. General study of catalytic–c oxidation of various VOCs over $La_{0.8}Sr_{0.2}MnO_{3+x}$ perovskite catalyst–influence of mixture ［J］. Applied Catalysis B: Environmental, 2003, 43（2）: 175–186.

［72］Si W, Wang Y, Zhao S, et al. A facile method for in situ preparation of the $MnO_2/LaMnO_3$ catalyst for the removal of toluene ［J］. Environmental Science Technology, 2016, 50（8）: 4572–4578.

［73］Spinicci R, Faticanti M, Marini P, et al. Catalytic activity of LaMnO3 and $LaCoO_3$ perovskites towards VOCs combustion ［J］. Journal of

Molecular Catalysis A: Chemical, 2003, 197 (1–2): 147–155.

[74] Lin M, Yu X, Yang X, et al. Highly active and stable interface derived from Pt supported on Ni/Fe layered double oxides for HCHO oxidation [J]. Catalysis Science Technology, 2017, 7 (7): 1573–1580.

[75] Xie S, Liu Y, Deng J, et al. Insights into the active sites of ordered mesoporous cobalt oxide catalysts for the total oxidation of oxylene [J]. Journal of Catalysis, 2017, 352: 282–292.

[76] Ma L, Seo C Y, Chen X, et al. Indium–doped Co_3O_4 nanorods for catalytic oxidation of CO and C_3H_6 towards diesel exhaust [J]. Applied Catalysis B: Environmental, 2018, 222: 44–58.

[77] Dong Q, Yin S, Guo C S, et al. Aluminum–doped ceria–zirconia solid solutions with enhanced thermal stability and high oxygen storage capacity [J]. Nanoscale Research Letters, 2012, 7: 542–547.

[78] Avgouropoulos G, Ioannides T. Selective CO oxidation over $CuO-CeO_2$ catalysts prepared via the urea–nitrate combustion method [J]. Applied Catalysis A General, 2003, 244 (1): 155–167.

[79] Martinez A, Fernández A, Gálvez O, et al. Comparative study on redox properties and catalytic behavior for CO oxidation of CuO/CeO_2 and $CuO/ZrCeO_4$ catalysts [J]. Journal of Catalysis, 2000, 195 (1): 207–216.

[80] Yin S, Zeng Y, Li C, et al. Investigation of $Sm_{0.2}Ce_{0.8}O_{0.9}/Na_2CO_3$ nanocomposite electrolytes: preparation, interfacial microstructures, and ionic conductivities [J]. ACS Applied Materials & Interfaces, 2013, 5: 12876–12886.

[81] Zhang Z, Zhu, Y, Asakura H, et al. Thermally stable single atom $Pt/m-Al_2O_3$ for selective hydrogenation and CO oxidation [J]. Nature Communications, 2017, 8: 16100–16110.

［82］Junko Q, Obuchi A, Ogata A, et al. Effect of feed gas composition on the rate of carbon oxidation with Pt/SiO$_2$ and the oxidation mechanism ［J］. Applied Catalysis B, 1999, 21 (1): 9–17.

［83］Li J, Liu Z, Wu H, et al. Investigation of CO oxidation over Au/TiO$_2$ catalyst through detailed temperature programmed desorption study under low temperature and operando conditions ［J］. Catalysis Today, 2018, 307: 84–92.

［84］Narayanan R, El–Sayed M A. Effect of catalysis on the stability of metallic nanoparticles: Suzuki reaction catalyzed by PVP–palladium nanoparticles ［J］. Journal of the American Chemical Society, 2003, 125: 8340–8347.

［85］Liu R J, Crozier P A, Smith C M, et al. Metal sintering mechanisms and regeneration of palladium/alumina hydrogenation catalysts ［J］. Applied Catalysis A: General, 2005, 282: 111–121.

［86］Ma C, Zhen M, Jin J, et al. Mesoporous Co$_3$O$_4$ and Au/Co$_3$O$_4$ catalysts for low–temperature oxidation of trace ethylene ［J］. Journal of the American Chemical Society, 2010, 132: 2608–2613.

［87］Xie X, Li Y, Liu Z Q, et al. Low–temperature oxidation of CO catalysed by Co$_3$O$_4$ nanorods ［J］. Nature, 2009, 458: 746–749.

［88］Uchisawa J, Obuchi A, Ohi A, et al. Activity of catalysts supported on heat–resistant ceramic cloth for diesel soot oxidation ［J］. Powder Technology, 2008, 180 (1–2): 39–44.

［89］Chen C, Nan C Y, Wang D S, et al. Mesoporous multicomponent nanocomposite colloidal spheres: ideal high–temperature stable model catalysts ［J］. Angewandte Chemie, 2011, 50: 1–6.

［90］Yang X, Wang A, Qiao B, et al. Single–atom catalysts: a new frontier in heterogeneous catalysis ［J］. Accounts of Chemical Research,

2013, 46: 1740–1748.

[91] Prasad R, Gaurav R. Preparation Methods and Applications of CuO–CeO₂ catalysts: a short review [J]. Bulletin of Chemical Reaction Engineering & Catalysis, 2010, 5 (1): 7–30.

[92] Andrey J Z, Jackie Y Y. Reverse microemulsion synthesis of nanostructured complex oxides for catalytic combustion [J]. Journal of Catalysis, 1987, 103 (2): 385–393.

[93] Liu Z, Cheng L, Zeng J, et al. Synthesis, characterization and catalytic performance of nanocrystalline Co_3O_4 towards propane combustion: effects of small molecular carboxylic acids [J]. Journal of Solid State Chemistry, 2020, 292 (7): 121712.

[94] Masato M, Koichi E, Hiromichi A. Effect of additives on the surface area of oxide supports for catalytic combustion [J]. Journal of Catalysis, 1987, 103 (2): 385–393.

[95] Zhang H M, Hu R S, Hu J N, et al. Preparation and catalytic activities of the novel double perovskite–type oxide La_2CuNiO_6 for methane combustion [J]. Acta Physico–Chimica Sinica, 2011, 27 (5): 1169–1175.

[96] Tang W X, Wu X F, Li D Y, et al. Oxalate route for promoting activity of manganese oxide catalysts in total VOCs oxidation: effect of calcination temperature and preparation method [J]. Journal of Materials Chemistry A, 2014, 2 (8): 2544–2554.

[97] Gu D, Jia C J, Weidenthaler C, et al. Highly ordered mesoporous cobalt containing oxides: structure, catalytic properties, and active sites in oxidation of carbon monoxide [J]. Journal of the American Chemical Society, 2015, 137: 11407–11418.

[98] Mullins D R. The surface chemistry of cerium oxide [J]. Surface

Science Reports, 2015, 70: 42–85.

[99] Macleod N, Lambert R M. Selective NO_x reduction during the H_2+NO+O_2 reaction under oxygen–rich conditions over $Pd/V_2O_5/Al_2O_3$: evidence for in situ ammonia generation [J]. Catalysis Letters, 2003, 90 (3–4): 111–115.

[100] And M A P, Fierro J L G. Chemical structures and performance of perovskite oxides [J]. ChemInform, 2001, 101 (39): 1981–2017.

[101] Liu X W, Zhou K B, Wang L, et al. Oxygen vacancy clusters promoting reducibility and activity of ceria nanorods [J]. Journal of the American Chemical Society, 2009, 757: 3140–3141.

[102] Arantxa D, Jirge G, Dolires L, et al. Templated synthesis of Pr–doped ceria with improved micro and mesoporosity porosity, redox properties, and catalytic activity [J]. Catalysis Letters, 2018, 148: 258–266.

[103] Petrisor T, Meledin A, Boulle A, et al. Ordered misfit dislocations in epitaxial Gd doped CeO_2 thin films deposited on (001) YSZ single crystal substrates [J]. Applied Surface Science, 2018, 433: 668–673.

[104] Yoshida H, Yamashita N, Ijichi S, et al. A thermally stable Cr–Cu nanostructure embedded in the CeO_2 surface as a substitute for platinum–group metal catalysts [J]. ACS Catalysis, 2015, 5: 6738–6747.

[105] Lin D, Yao X, Chen Y. Interactions among supported copper–based catalyst components and their effects on performance: a review [J]. Chinese Journal of Catalysis, 2013, 34: 851–864.

[106] Beckers J, Rothenberg G. Sustainable selective oxidations using ceria–based materials [J]. Green Chemistry, 2010, 129: 939–948.

[107] Zeng S, Zhang W, Liu N, et al. Inverse CeO_2/CuO catalysts prepared

by hydrothermal method for preferential CO oxidation [J] . Catalysis Letters, 2013, 143: 1018–1024.

[108] Khodakov A Y, Chu W, Fongarland P. Advances in the development of novel cobalt Fischer–Tropsch catalysts for synthesis of long–chain hydrocarbons and clean fuels [J] . Chemical Reviews, 2007, 107: 1692–1744.

[109] Liu Y, Dai H, Deng J, et al. Controlled generation of uniform spherical $LaMnO_3$, $LaCoO_3$, Mn_2O_3, and Co_3O_4 nanoparticles and their high catalytic performance for carbon monoxide and toluene oxidation [J] . Inorganic Chemistry, 2013, 52: 8665–8676.

[110] Menezes P W, Indra A, Diego G F, et al. High–performance oxygen redox catalysis with multifunctional cobalt oxide nanochains: morphology–dependent activity [J] . ACS Catalysis, 2015, 5: 2017–2027.

[111] Song W, Poyraz A S, Meng Y, et al. Mesoporous Co_3O_4 with controlled porosity: inverse micelle synthesis and high–performance catalytic CO oxidation at–60 ℃ [J] . Chemistry of Materials, 2014, 26: 4629–4639.

[112] Iwahara H, Uchida H, Ono K, et al. Proton conduction in sintered oxides based on $BaCeO_3$ [J] . electrochemical Society, 1988, 135(2): 529–533.

[113] Xian H, Zhang X, Li X, et al. Effect of the calcination conditions on the NO_x, storage behavior of the perovskite $BaFeO_{3-x}$ catalysts [J] . Catalysis Today, 2010, 158 (158) : 215–219.

[114] Meng X, Yang N, Song J, et al. Synthesis and characterization of terbium doped barium cerates as a proton conducting SOFC electrolyte [J] . Hydrogen Energy, 2011, 36 (20) : 13067–13072.

［115］Singh U G, Li J, Bennett J W, et al. A Pd–doped perovskite catalyst, $BaCe_{1-x}Pd_xO_{3-\delta}$, for CO oxidation［J］. Journal of Catalysis, 2007, 249（2）: 349–358.

［116］朱世勇. 环境与工业气体净化技术［M］. 北京: 化学工业出版社, 2001.

［117］Xian H, Ma A J, Meng M, et al. Influence of reductants on the NO_x storage performances of the $La_{0.7}Sr_{0.3}Co_{0.8}Fe_{0.2}O_3$ perovskite–type catalyst ［J］. Catalysis and Surface Science, 2013, 29（11）: 2437–2443.

［118］Desprs J, Elsener M, Koebel M, et al. Catalytic oxidation of nitrogen monoxide over Pt/SiO_2［J］. Applied Catalysis B: Environmental, 2004, 50（2）: 73–82.

［119］Paloma H, Salvador O, Herminio S, et al. Development of a kinetic model for the oxidation of methane over Pd/Al_2O_3 at dry and wet conditions［J］. Applied Catalysis B: Environmental, 2004, 51（4）: 229–238.

［120］Machocki A, Rotko M, Stasinska B, et al. SSITKA studies of the catalytic flameless combustion of methane; proceedings of the AWPA Symposiu 2007, St Louis, MO, F 2007, 2008［C］. Elsevier Science Bv.

［121］Sara C, Alessandro T, Gianpiero G, et al. The effect of CeO_2 on the dynamics of Pd–PdO transformation over Pd/Al_2O_3 combustion catalysts ［J］. Catalysis Communications, 2007, 8（8）: 1263–1266.

［122］Somkhuan W, Butnoi P, Jaita P, et al. Synthesis and characterizations of Y–doped $BaCeO_3$ ceramic for use as electrolyte in solid oxide fuel cell ［J］. Key Engineering Materials, 2019, 798: 200–205.

［123］Baik J H, Yim S D, Nam I S, et al. Control of NO_x emissions from diesel engine by selective catalytic reduction（SCR）with urea［J］. Topics in Catalysis, 2004, 30（1–4）: 37–41.

［124］Pyzik A J，Li C G．New design of a ceramic filter for diesel emission control applications［J］．International Journal of Applied Ceramic Technology，2005，2（6）：440–451.

［125］吴晓东，翁端，陈华鹏，等．柴油车微粒捕集器过滤材料研究进展［J］．材料导报，2002，16（6）：28–31.

［126］Dey S，Mohan D，Dhal G C，et al．Copper based mixed oxide catalysts（CuMnCe，CuMnCo and CuCeZr）for the oxidation of CO at low temperature［J］．Material Discovery，2017，10：1–14.

［127］Ntziachristos L，Samaras Z，Zervas E，et al．Effects of a catalysed and an additized particle filter on the emissions of a diesel passenger car operating on low sulphur fuels［J］．Atmospheric Environment，2005，39（27）：4925–4936.

［128］Zhong Z M．Stability and conductivity study of the $BaCe_{0.9-x}Zr_xY_{0.1}O_{2.95}$ systems［J］．Solid State Ionics，2007，178（3–4）：213–220.

［129］刘华彦．NO 的常温催化氧化及碱液吸收脱除 NO_x 过程研究［D］．杭州：浙江大学，2011.

［130］Matsumoto H，Shimura T，Higuchi T，et al．Protonic–electronic mixed conduction and hydrogen permeation in $BaCe_{0.9-x}Y_{0.1}Ru_xO_{3-\alpha}$［J］．Journal of the Electrochemical Society，2005，152（3）：488–492.

［131］崔大伟．钙钛矿型稀土氧化物汽车尾气净化催化剂的研究进展［J］．潍坊学院学报，2010，10（4）：9–12.

［132］Hirohisa T，Makoto M．Advances in designing perovskite catalysts［J］．Current Opinion in Solid State and Material Science，2001，5（5）：381–387.

［133］Bolz F．Advanced materials in catalysis［M］．New York：Academic Press，1977：173–216.

［134］Arai H，Yamada T，Eguchi K，et al．Catalytic combustion of methane over various perovskite–type oxides［J］. Applied Catalysis, 1986, 26：265–276.

［135］周克斌, 陈宏德, 田群, 等. Pd 掺杂对 Fe, Co 系钙钛矿型三效催化剂性能的影响［J］. 环境化学, 2002, 13：218–223.

［136］姚文生. 镧钴钙钛矿催化剂制备及去除氮氧化物和碳烟性能研究［D］. 天津：天津大学, 2009.

［137］Hirohisa T. An intelligent catalyst：The self–regenerative palladium–perovskite catalyst for automotive emissions control［J］. Catalysis Surveys from Asia, 2005, 5：63–73.

［138］贤晖. 贵金属掺杂的 $La_{0.7}Sr_{0.3}CoO_3$ 钙钛矿型 NSR 催化剂结构和性能研究［D］. 天津：天津大学, 2011.

［139］Tanaka H, Uenishi M, Taniguchi M, et al. The intelligent catalyst having the self–regenerative function of Pd, Rh and Pt for automotive emissions control［J］. Catalysis Today, 2006, 117（1–3）：321–328.

［140］Fu Y, Weng C. Effect of rare–earth ions doped in $BaCeO_3$ on chemical stability, mechanical properties, and conductivity properties［J］. Ceramics International, 2014, 40（7）：10793–10802.

［141］Bassano A, Buscaglia V, Viviani M, et al. Synthesis of Y–doped $BaCeO_3$ nanopowders by a modified solid–state process and conductivity of dense fine–grained ceramics［J］. Solid State Ionics, 2009, 180（2–3）：168–174.

［142］Bhide S V, Virkar A V. Stability of $BaCeO_3$–based proton conductors in water–containing atmospheres［J］. Journal of the Electrochemical Society, 1999, 146（6）：2038–2044.

［143］Bhella S S, Fürstenhaupt T, Paul R, et al. Synthesis, structure, chemical stability, and electrical properties of Nb–, Zr–, and Nb–

codoped $BaCeO_3$ perovskites [J]. Inorganic Chemistry, 2011, 50 (14): 6493-6499.

[144] Ryu K H, Haile S M. Chemical stability and proton conductivity of doped $BaCeO_3$–$BaZrO_3$ solid solutions [J]. Solid State Ionics, 1999, 125 (1-4): 355-367.

[145] Okiba T, Fujishiro, F. Hashimoto T. Evaluation of kinetic stability against CO_2 and conducting property of $BaCe_{0.9-x}Zr_xY_{0.1}O_{3-\delta}$ [J]. Journal of Thermal Analysis and Calorimetry, 2013, 113 (3): 1269-1274.

[146] Dubal S U, Jadhav L D, Bhosale C H, et al. Investigation on spray deposited $BaCe_{0.7}Zr_{0.1}Y_{0.1}Gd_{0.1}O_{2.9}$ thin film for proton conducting SOFC [J]. Journal of Materials Science: Materials in Electronics, 2015, 26 (10): 7316-7323.

[147] Zuo C, Zha S, Liu M, et al. Ba($Zr_{0.1}Ce_{0.7}Y_{0.2}$)$O_{3-\delta}$ as an electrolyte for low–temperature solid–oxide fuel cells [J]. Advanced Materials, 2006, 18 (24): 3318-3320.

[148] Patnaik A S, Virkar A V. Transport properties of potassium–doped $BaZrO_3$ in oxygen– and water–vapor–containing atmospheres [J].Journal of the Electrochemical Society, 2006, 153 (7): A1397-A1405.

[149] Xu X, Tao S, Irvine J T S. Proton conductivity of potassium doped barium zirconates [J]. Journal of Solid State Chemistry, 2010, 183 (1): 93-98.

[150] Sherafat Z, Paydar M H, Antunes I, et al. Modeling of electrical conductivity in the proton conductor $Ba_{0.85}K_{0.15}ZrO_{3-\delta}$ [J]. Electrochimica Acta, 2015, 165: 443-449.

[151] Lee K, Chiang Y, Hung I, et al. Proton–conducting $Ba_{1-x}K_xCe_{0.6}Zr_{0.2}Y_{0.2}O_{3-\delta}$

oxides synthesized by sol-gel combined with composition-exchange method [J]. Ceramics International, 2014, 40 (1): 1865-1872.

[152] Qiu L, Ma G. Mixed conduction in Tb_2O_3 doped $BaCeO_3$ [J], Chinese Journal of Chemistry, 2006, 24 (11): 1564-1569.

[153] Su F, Xia C, Peng R. Novel fluoride-doped barium cerate applied as stable electrolyte in proton conducting solid oxide fuel cells [J]. Journal of the European Ceramic Society, 2015 (35): 3553-3558.

[154] Lin B, Hu M, Ma J J, et al. Stable, easily sintered $BaCe_{0.5}Zr_{0.3}Y_{0.16}Zn_{0.04}O_{3-\delta}$ electrolyte-based protonic ceramic membrane fuel cells with $Ba_{0.5}Sr_{0.5}Zn_{0.2}Fe_{0.8}O_{3-\delta}$ perovskite cathode [J]. Journal of Power Sources, 2008, 183 (2): 479-484.

[155] Yuan Y, Zheng J, Zhang X, et al. $BaCeO_3$ as a novel photocatalyst with 4f electronic configuration for water splitting [J]. Solid State Ionics, 2008, 178 (33): 1711-1713.

[156] Ming Y, Li Y, Wang J. Effects of CO_2 and steam on Ba/Ce-based NO_x storage reduction catalysts during lean aging [J]. Journal of Catalysis, 2010, 271 (2): 228-238.

[157] Quyang X, Susannah S. Mechanism for CO oxidation catalyzed by Pd-substituted $BaCeO_3$, and the local structure of the active sites [J]. Journal of Catalysis, 2010, 273 (1): 83-91.

[158] Maffei N, Nossova L, Turnbull M, et al. Doped barium cerate perovskite catalysts for simultaneous NO_x storage and soot oxidation [J]. Applied Catalysis A: General, 2020, 600: 117465.

[159] Sarabut J, Charojrochkul S, Sornchamni T, et al. Effect of strontium and zirconium doped barium cerate on the performance of proton ceramic electrolyser cell for syngas production from carbon dioxide and steam [J]. International Journal of Hydrogen Energy, 2019, 44 (37):

20634-20640.

［160］黄文龙. 钙钛矿系列高温质子导体的制备及性能研究［D］. 沈阳: 东北大学，2019.

［161］Nikam S K, Athawale A A. Phase formation study of noble metal（Au, Ag and Pd）doped lanthanum perovskites synthesized by hydrothermal method［J］. Materials Chemistry & Physics, 2015, 155: 104–112.

［162］Russo N, Palmisano P, Fino D. Pd substitution effects on perovskite catalyst activity for methane emission control［J］. Chemical Engineering Journal, 2009, 154（1）: 137–141.

［163］Se H O, Galen B F, Joyce E C, et al. Comparative kinetic studies of CO–O_2 and CO–NO reactions over single crystal and supported rhodium catalysts［J］. Journal of Catalysis, 1986, 100（2）: 360–376.

［164］Campbell C T, Ertl G, Kuipers H, et al. A molecular beam study of the catalytic oxidation of CO on a Pt（111）surface［J］. The Journal of Chemical Physics, 1980, 73: 5862–5873.

［165］Engel T, Ertl G. Elementary steps in the catalytic oxidation of carbon monoxide on platinum metals［J］. Advances in Catalysis, 1979, 28: 1–78.

［166］Berlowitz P J, Peden C H F, Goodman D W J. Kinetics of carbon monoxide oxidation by oxygen or nitric oxide on rhodium（111）and rhodium（100）single crystals［J］. Journal of Physical Chemistry C, 1988, 92（6）: 1563–1567.

［167］Kropp T, Lu Z, Li Z, et al. Anionic single–atom catalysts for CO oxidation: support–independent activity at low temperatures［J］. ACS Catalysis, 2019: 1595–1604.

［168］Bourane A, Banchal D. Oxidation of CO on a Pt/Al_2O_3 catalyst: from the surface elementary steps to light–off tests: experimental and kinetic model for light-off tests in excess of O_2 [J] . Journal of Catalysis, 2004, 222: 499-510.

[169] Gustavo V, Kiennemann A, Goldwasser M R. Dry reforming of CH_4 over solid solutions of $LaNi_{1-x}Co_xO_3$ [J] . Catalysis Today, 2008, 133（4）: 142-148.

[170] Morgan K, Cole K J, Goguet A., et al. Tap studies of CO oxidation over $CuMnO_x$ and $Au/CuMnO_x$ catalysts [J] . Journal of Catalysis, 2010, 276（1）: 38-48.

[171] Ronald G S, Jone E S, Jerry C S. Catalytic Control of air pollution [J] . ACS Symposium Series, 1992, 12: 495-509.

[172] Gorbova E, Maragou V, Medvedev D, et al. Investigation of the protonic conduction in Sm doped $BaCeO_3$ [J] . Power sources, 2008, 181（2）: 207-231.

[173] Machocki A, Rotko M, Stasinska B. SSITKA studies of the catalytic flameless combustion of methane [J] . Catalysis Today, 2008, 137: 312-317.

[174] Kugai J, Subramani V, Song C, et al. Effects of nanocrystalline CeO_2 supports on the properties and performance of Ni-Rh bimetallic catalyst for oxidative steam reforming of ethanol [J] . Journal of Catalysis, 2006, 238（2）: 430-440.

[175] Lin W, Wu Y X, Wu N Z, et al. Total oxidation of methane at low temperature over $Pd/TiO_2/Al_2O_3$: effects of the support and residual chlorine ions [J] . Applied Catalysis B: Environmental, 2004, 50（1）: 59-66.

[176] Elin B, Carlsson P, Lisa K, et al. In situ spectroscopic investigation of low-temperature oxidation of methane over alumina-supported platinum during periodic operation [J] . The Journal of Physical

Chemistry C, 2011, 115（4）: 944-951.

[177] Carlsson P A, Fridell E, Skoglundh M. Methane oxidation over Pt/Al$_2$O$_3$ and Pt/Al$_2$O$_3$ catalysts under transient conditions [J]. Catalysis Letters, 2007, 115（1-2）: 1-7.

[178] Elin B, Carlsson P, Henrik G, et al. Methane oxidation over alumina supported platinum investigated by time-resolved in situ XANES spectroscopy [J]. Journal of Catalysis, 2007, 252（1）: 11-17.

[179] Belessi V C, Ladavos A K, Armatas G S, et al. Kinetics of methane oxidation over La-Sr-Ce-Fe-O mixed oxide solids [J]. Physical Chemistry Chemical Physics, 2001, 3: 3856-3862.

[180] Chang Y F, McCarty J G. Novel oxygen storage components for advanced catalysts for emission control in natural gas fueled vehicles [J]. Catalysis Today, 1996, 30: 163-170.

[181] Melo D M A. Borges F M, Ambrosio R C, et al. XAFS characterization of La$_{1-x}$Sr$_x$MnO$_{3\pm\delta}$ catalysts prepared by Pechini's method [J]. Chemical Physics, 2006, 322: 477-484.

[182] 刘源, 秦永宁. 钙钛矿型复合氧化物用作深度氧化催化剂 [J]. 天然气化工, 1997, 22（6）: 47-51.

[183] 秦永宁, 田辉平. 钙钛矿型催化氧化性能与 d 电子构型关系的研究 [J]. 化学学报, 1993, 15（4）: 319-324.

[184] Valderrama G, Goldwasser M R. Navarro C U, et al. Dry reforming of methane over Ni perovskite type oxides [J]. Catalysis Today, 2005, 107: 785-791.

[185] Nakamura K, Ogawa K. Excess oxygen in LaMnO$_{3+\delta}$ [J]. Journal of Solid State Chemistry, 2002, 163: 65-76.

[186] Tofield B C, Scott W R. Oxidative nonstoichiometry in perovskites, an experimental survey: the defect structure of an oxidized lanthanum

manganite by powder neutron diffraction [J]. Journal of Solid State Chemistry, 1974, 10: 183–194.

[187] Marchetti L, Forni L. Catalytic combustion of methane over perovskites [J]. Applied Catalysis B: Environmental, 1998, 15: 179–187.

[188] 程继夏, 边耀璋. 三元催化剂催化机理分析 [J]. 长安大学学报（自然科学版）, 2002, 2: 80.

[189] Kharton V, Yaremchenko A, Valente A, et al. Methane oxidation over Fe–, Co–, Ni– and V–containing mixed conductors [J]. Solid State Ionics, 2005, 176: 781–791.

[190] Wen Y X, Zhang C B, He H, et al. Catalytic oxidation of nitrogen monoxide over $La_{1-x}Ce_xCoO_3$ perovskites [J]. Catalysis Today, 2007, 126: 400–405.

[191] Ran R, Wu X D, Weng D. Effect of complexing species in a sol–gel synthesis on the physicochemical properties of $La_{0.7}Sr_{0.3}Mn_{0.7}Cu_{0.3}O_{3+\lambda}$ catalyst [J]. Journal of Alloys and Compounds, 2006, 414: 169–174.